▲母彩鷸正在吃喝與倒影相映成趣。
（攝影／周俊雄）

▼母彩鷸正在舞翅以吸引雄鳥。
（攝影／周俊雄）

彩鷸母鳥高唱情歌「嗚－嗚－嗚－」吸引雄鳥前來。（攝影／周俊雄）

▲彩鷸求偶由母鳥主導，故擇偶時彼此爭鬥難免。（攝影／王建亞）
▼彩鷸配對期間常看到婦唱夫隨。（攝影／王建亞）

▲彩鷸正行交配。（攝影／王建亞）
▼公彩鷸仍在孵蛋，等老么出生後數小時才會帶離鳥巢。（攝影／周俊雄）

▲這個窩有田菁和稻子，爸爸孵得很安穩。（攝影／余遠猛）
▼水泥田埂阻隔，若田乾旱，幼鳥尚不能飛越必亡。（攝影／余遠猛）

▲彩鷸正在吃食福壽螺，這是十三天大之幼鳥和爸爸。（攝影／余遠猛）
▼公彩鷸帶領六隻幼鳥一路縱隊的樣子非常難得罕見。（攝影／王建亞）

▲彩鷸爸爸小心翼翼帶四隻幼鳥涉水覓食。（攝影／王建亞）
▼彩鷸公鳥低飛將要降落時之英姿。（攝影／王建亞）

▲彩鷸遇敵展翅威嚇以保護幼鳥。
（攝影／周俊雄）

▼休息時公彩鷸把幼鳥保護在胸腹下，猜
看有幾隻？（攝影／周俊雄）

彩鷸小嘉冬
奇幻之旅

余遠猛——著

目次

為彩鷸小嘉冬尋找更好的家／王建亞

　　我自幼生長在台中的鄉下，所以特別喜歡自然生態的觀察，漸漸的也喜歡上生態攝影，並積極參與保育的一些活動。因為喜好自然生態攝影，所以常常去蘭陽平原水田拍攝各種漂亮的水鳥，其中特別喜愛美麗的彩鷸。在臺灣的農田稻米文化裡，彩鷸就像是一抹彩虹，總是令人驚艷。一般鳥類母鳥羽色比較黯淡，公鳥羽色鮮艷吸引母鳥交配，但是彩鷸公母鳥的羽色都非常漂亮，顏色也非常不同，很容易就能辨認。

　　彩鷸最特別的地方是一妻多夫制，母鳥通常下四顆蛋之後就離開，另外找尋其他公鳥配對，並不負責孵蛋和育雛，而這項工作就交給公鳥來代勞，可愛小寶寶破殼之後，也會亦步亦趨地跟著公鳥爸爸活動與覓食。彩鷸公鳥是鳥界特別有愛心的模範父親，不僅細心照顧自己的，在水田中碰到其他沒有父親照顧的幼鳥，也會收留下來和自己的雛鳥一起照顧，所以攝影師常常會拍到一隻公鳥帶著五隻或

六隻幼鳥，這是大自然野生動物中獨特的大愛行為，也是彩鷸與眾不同之處。

　　兩年前，在好友宜蘭生態攝影大師周俊雄先生的介紹下，非常榮幸認識了余遠猛老師，余老師是不折不扣的臺灣彩鷸之父，自1985年起觀察紀錄、保育和繪畫彩鷸迄今。臺灣隨著工業化發展，許多濕地、農田變成工業區後，野生動物的棲息地都在減少中，彩鷸也面臨同樣的問題，豪華農舍民宿的搭建減少了他們的棲息地，水泥田埂也阻擋了小寶寶的移動成長，農藥和除草劑的濫用更是傷害了他們的健康，再加上天敵和野貓、野狗獵食，使目前宜蘭彩鷸數量急遽下降。

　　許多田埂改由水泥築成，我常常看到小彩鷸無法跨越而落入溝渠中。由於大自然的奧妙，沒有彩鷸爸爸的帶領，我們一般人很難提供正確充足的食物來源餵養寶寶長大。小嘉冬的故事是臺灣有史以來第一次以人工救養彩鷸雛鳥，再野放到大自然的歷程，其中又結合余老師獨特的鋼筆畫作，生態保育和美學的結合，揉和真實故事情節，精彩絕倫、令人動容。

　　彩鷸是臺灣農田環境生態的指標，慈悲為懷的余老師在過去37年的時間，記錄了將近二千個彩鷸的巢穴，能夠提供許多彩鷸繁殖、覓食和成長的科學資料，讓我們能更瞭解如何保育臺灣農田的彩虹，並致力於搶救彩鷸行動。希望藉由小

嘉冬的故事，透過演講、推動農友一起加入保育行列、改善農田生態環境，以提供理想的築巢棲地，最終讓彩䴉和臺灣農田文化永遠共生共榮。

（本文作者為潘朵拉有限公司董事長、諾基亞前大中華區總裁）

余遠猛老師和彩鷸的不解之緣／劉小如

　　認識余遠猛老師已經不記得有多少年了，多年來知道他一直在關心彩鷸，觀察彩鷸。以前見面時，常聽他提起宜蘭水稻田的命運，除了不少地區被放乾填土造成豪華農舍，也有很多地區的田埂被水泥化，導致在水田中孵出來的幼鳥，因為還不會飛又爬不上分隔田地的水泥高牆，而無法跟隨親鳥移動到更適合的地方去覓食活動。他向所有願意聽的人解說彩鷸生活的各個層面，他不懈地、溫和地訴求著，他阻止不了大片農田變成建地，但期望還是水田地區的傳統田埂，不要都被改建成不利幼鳥生存的水泥障礙。

　　2009 年一月我到宜蘭文化中心去參觀余老師的耳順回顧展，才發現原來這位跟我們一樣長年在戶外觀察鳥的人，竟然是一位很了不起的畫家。他的畫作大多以彩鷸為主題，畫幅有大有小，有彩色也有鋼筆畫，尤其鋼筆畫極其細緻精準傳神。展場最特殊的一幅油畫的標題是「狂風驟雨猶不棄」，畫面布滿狂亂的線條，唯一清晰的是一隻眼睛，眼神是恐懼？是憂心？是義無反顧？在納莉颱風的夜裡，余老師掛念著彩

鷸爸爸，感受著牠面對風雨的孤獨，和牠以自己身體抵擋天搖地動、努力保護著巢和蛋的勇敢！我禁不住熱淚盈眶。

接到余老師寄來的文稿，剛開始看時，對於故事第一頁說我是小嘉冬，但是第二頁卻是好幾天的阿猛日誌，有點不解，但是看到第三頁就明白了。原來這本書共有兩個主角，每天的記錄都是阿猛（余老師）和小嘉冬的互動和情感連結。這本書的內容並不是作者編寫的小說，而是詳實地記錄了一段發生在 1999 年的珍貴生命經驗。

我相信每一位讀者都會被書裡溫柔的情感和細膩的描述感動。雖然書裡有少數余老師自己設定的代號，讀者可能會看不懂，例如東西 29，南北 8，但是這些細節對於追隨故事的發展，是完全沒有影響的。我們清楚看見余老師如何仔細覺察小彩鷸的生長需求，如何費心設計對小彩鷸最有利的照護方式，每天進行半野放時又如何幾個小時不懈地全神貫注在保護牠的安全上。直至最後即使心中不捨，還是盡力尋找到最佳野放地點，讓小彩鷸在不帶人類標誌的自然狀況下，去回歸自己的族群。余老師之後多次回到野放地點去尋找，盼望能再看見小嘉冬的身影，希望能確定牠健康地生存在彩鷸群中。真是天下父母心啊！

當然這本書也有很多知的層面。余老師記錄下不同時節在野外見到的彩鷸雌鳥和雄鳥數量變化；他所記錄的鳴唱聲讓我們知道宜蘭彩鷸的求偶季節；他詳細測量與記錄了小嘉冬

從幾天大的幼鳥，成長到可以獨立生活的亞成鳥，這一個多月裡的體重和羽毛花色變化，還搭配著眾多精美的繪圖，生動地捕捉了小嘉冬的各種姿勢和影像。研究一種生物，必須瞭解牠的生老病死，余老師這麼精準的連續記錄非常難得，是認識彩鷸幼鳥成長過程極為珍貴的基本資料。此外，這本書也讓我們看見，要成功地把落單幼鳥照護到可以回歸自然去獨立生存，真需要隨時關注多種環節。

這本兼具科學性和感性的書，跟我們分享了一個動人的故事，更提供了很多老師或父母給孩子們講床邊故事的好題材，余老師自繪的插圖絕對增加了讀者對小嘉冬的欣賞與瞭解。余老師說他和彩鷸結緣始於 1985 年。相信幾十年來在他對彩鷸的關懷裡，小嘉冬必然永遠占據著非常特殊的地位。

最後我要說，余老師，謝謝你的真情分享。

寫於南港中央研究院生物多樣化研究中心

（本文作者為前中研院研究員，於 2013 年入選「世界貓頭鷹名人堂」）

小嘉冬的生命奇蹟／余遠猛

　　小嘉冬回歸大地已經二十多年了，他還活在這世上嗎？

　　若是已上了天，願他的兒女成群，子孫滿田野。

　　小嘉冬是一個生命奇蹟故事，22 公克到 102 公克的故事。自 1999 年 10 月 19 日由五結國小伍老師送來魏醫師的動物醫院起，悉心養護至 11 月 3 日，過了 15 天，長到 44 公克，平均一天才長 1.47 公克，但 11 月 4 日這一天，突增 4.5 公克，之後成長速度佳，且活力充沛。5 日到 6 日這一天，增重了 9 克，不可置信啊（unbelievable）！11 月 8 日（74 公克）的下午四點，田野課結束後，改成回阿猛的家，不用再在羅東員山溪南溪北兩地奔波。這最後的十一夜，得以詳實紀錄下他吃的蟲與螺數量，成為珍貴的資料。

　　小嘉冬的故事是一種啟發，一種激勵。彩鷸出生時平均只有 11 克之微，每天平均長 3 點幾公克。成鳥之母鳥平均 166 公克，公鳥 138 公克（以 2014 年 6 月 21 日在員山鄉繫放研究之 8 隻母鳥、6 隻公鳥來取平均值）。彩鷸存活何其艱難，成功孵化率低，水災、天敵特多，人禍更烈，中網、路殺、

農藥、除草劑、水泥田埂是死亡之牆等，要長大到一個月能獨立，更是危機重重。

小嘉冬與人相處 31 天，小生命活潑可愛，又驚又喜，又勇敢又膽怯的各種表情，各種行為，讓我們見識了生命的奧祕。彩鷸是水稻田的環境指標鳥，其命運與農業政策，人的 life-style 息息相關。當我們看到亞成鳥（immature）的數量與機會越來越少時，就意味著族群正走向衰亡。

彩鷸在臺灣的最早記錄是 Swinhoe, R.1864.（史溫侯，英國人）。宜蘭正式紀錄則是 1985 年 6 月 1 日，我在宜蘭市泰山路水田發現 3 母 8 公，1986 年 10 月的《大自然》第 13 期〈彩鷸的生命之歌〉是泰山路水田的生態環境見證（今已成為南屏國小）。老農早就知道俗稱「土礱鉤仔」的彩鷸，水田中原本很普遍的水鳥，耆老卻感嘆昔多今少。他們認為是農藥與除草劑以及水泥田埂等致命設施，使彩鷸族群銳減，國內的「保育類」已被國際鳥盟列為「近危」等級。小嘉冬是彩鷸的生命大使，水田生態系的代言人。他的故事會讓我們警醒嗎？全球氣候變遷影響所及，我們能保護好他們的棲地嗎？

彩鷸＝水田＝糧食，可以這樣 interact 嗎？土礱鉤仔、彩鷸、小嘉冬能代代相傳嗎？

認識彩鷸

　　彩鷸 Rostratula benghalensis（Linnaeus，1758）屬彩鷸科，在分類上隸屬鴴形目，全世界僅有 2 屬，各屬均僅有一種。除了亞洲與非洲的彩鷸之外，另一種為南美洲彩鷸，臺灣有 1 屬 1 種，與臺灣同種的另一亞種 R. b. australis 分布於澳洲東部與北部。

　　彩鷸分布於低海拔的溼地，最喜歡在水田型的濕地「逐水草而居」。主食是福壽螺、水薑和無脊椎動物。母鳥豔麗漂亮，公鳥樸素，橄欖褐色調身影帶黃斑，老農民以其長嘴前端下彎，取名為「土礱鈎仔」。彩鷸行一妻多夫制（polyandry），母鳥下完四個蛋後離去，由公鳥孵蛋，經 16 － 19 天，小鳥出生。奶爸再養育幼鳥到一個月大後獨立。在蘭陽平原，彩鷸有十二個星座，春去夏來，夏候鳥加入，故繁殖旺季為七月到十月，十二月鳥巢最少。因天災、天敵、人禍和棲地漸失，已列入保育類第二級珍貴稀有，而國際鳥盟將彩鷸列為「近危」等級。

參考書目：《臺灣鳥類誌》第二版（上）p.634 － 641。
　　　　　《宜蘭鳥類發現史》，吳永華。

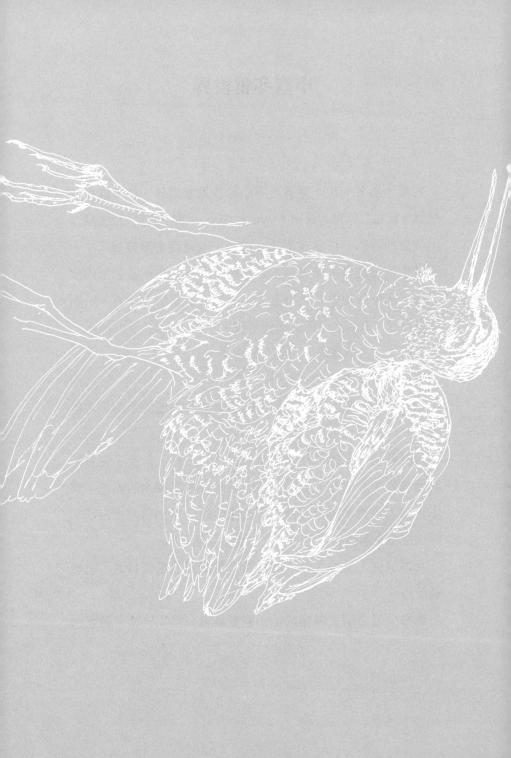

小嘉冬看世界

　　我是小嘉冬，在一個清晨不小心跌進水溝裡，被一群小孩撿到，驚嚇之餘奮力發出「Gyou　Gyou」聲，其實想說的是：「我要找爸爸，只要將我放回田裡，爸爸就會來帶我了。」可惜小孩沒聽懂，竟把我送給一個大人，那些小孩們都叫他老師，那位老師帶我到掛有「動物醫院」招牌的地方，一個穿著白衣、有雙大手的人接住了我。

　　老師說：「魏醫師，牠就交給你了。」

　　啊，完了，我心中一涼，來日無多。

　　爸爸以前說過，有些走散的同胞會被送到醫師手中，之後就不會回來了。

　　因為我們一向生活在休耕水田的濕地，在人的屋子裡只能吃麵包蟲、維他命，雖然有些好心人會挖來有水的泥巴，菜單再加上無脊椎動物，但我們的生命道場是休耕的水田啊，所以迄今失落的族群們，沒有一隻被救活下來。

　　我很沮喪，垂頭喪氣，儘管聽見醫師跟我說話打氣，也無動於衷。

　　魏醫師找來朋友阿猛幫忙，感覺氣氛有點不一樣。阿猛的

頭髮黑但鬍子灰灰白白的，聲音聽起來溫柔低厚，他跟魏醫師兩人討論許久，建議強迫餵食金寶螺。我是沒什麼意見啦，還能有什麼意見，魏醫師同意了這個方法，我只能被迫接受。一週過去後我長大一點點，精神也漸漸恢復，但他們覺得還不夠，於是阿猛想出另個辦法，就是每天「半野放」的點心時間。

阿 猛 日 誌

1999／10／19（二），雨，22°C。

🕐 **14:45**

魏醫師讓我看小彩鷸。據說是上午五結國小伍啟榆老師送
來。拍張照片。

1999／10／20（三），陰。

告知魏醫師彩鷸喜歡吃金寶螺，於是他特別去田中撈小
螺，尋找大小約 0.2 公分至 0.4 公分的。

1999／10／21（四），陰，22°C。

🕐 **11:50**

東西 29 路（惠深二路一段 100 號對面田區）洲安商店之

東第三田之田埂下發現有父親帶 3 幼鳥（juvenile）之家族，幼童約 10 － 14 天大，想幫小彩鷸找寄養家庭。

⏱ **16:55**

寄養家庭候選戶中午仍有現身田中，幼鳥們吃的吃，洗澡的洗澡，嘴在水中撈探，有時快跑，有時翅拉直向上彈跳，真有勁，精氣神佳。

1999／10／22（五），晴。

⏱ *6:40*

寄養家庭候選戶裡的 3 隻幼鳥吃飽了在休息，第二田另有一巢（Nest），編號為 1022H1N1 1999 （本月的第十三個巢）。

🕐 7:10

3 隻幼鳥出來自行覓食，羽背中央之橙帶漸轉土黃，翅已蓋住側黑帶一半矣，頸背轉暗，黃 V 型條紋稍顯。吃相靈活熟練中活力十足。

🕐 7:39

孵蛋（incubation）中之公已很久未曾外出。

🕐 18:10

黃昏，探望小彩鷸並拍照。考慮用「半野放」新招式，就是把小鳥養大後再完全野放入水田歸鄉。

魏醫師的動物醫院西北方向不遠，正是羅東運動公園上空，有十六個亮點飛往東邊海的方向而去，都市燈光映照出飛影來，原來不是 UFO 啊，是黃頭鷺倦羽歸巢。鳥也愛賞人工夜景嗎？或是鳥類的飛行已不用星光指引了？

1999／10／23（六），陰雨。

與鳥友參加「寒溪賞鳥行」。

🕐 12:20

到冬山河「嘉冬橋」附近巡看孵蛋（incubation）中的彩鷸。

1999／10／24（日），陰。

今天是農曆節氣「霜降」，即露結成霜的意思，天將漸冷。

🕐 **4:10**

深溝家北邊，彩鷸美女們情歌高唱，無畏風寒。

🕐 **5:33**

天正要亮猶未光，水池倒影出一大三小之鳥影，3 幼鳥用早餐了，父帶頭朝東而行，左側 1 隻跟著，右側 2 隻自行掃食，吞螺。小環頸鴴在靠路邊處走走停停吃吃，清脆鳴唱好悅耳。

🕐 **8:33**

到關渡參加「國際賞鳥博覽會」，「關渡自然公園」之籌設已近完成，打算 2001 年開園。今天鳥少，人則多到近萬，人鳥互賞也是滿有趣的，但成了鳥賞人。見到了老友蔡牧起、老郭（郭達仁）、馮雙、李平篤。鳥真的很少，人真的很多，可貴的關渡啊！後搭火車回家，到了蘭陽平原，忽然發覺搭火車賞鳥竟然比在關渡看到的還多。蒼鷺、大中小白鷺走在鐵道旁水田中，紅鳩停在電線上排排站，列隊迎送旅客，宜蘭的資源還不錯，須珍惜。

🕐 **15:15**

東西 29 路 1022H1N1 1999，公孵蛋著。黃昏，天將黑，風大，有寒意。美女唱著情歌，夜鷺飛出門上班去了。

1999／10／25（一），陰。

白面（白腹秧雞）一早便呼叫個不停，有時對唱，夫唱婦隨或婦唱夫隨？4隻紅冠亞成鳥（immature）已86天大了，但昨天曾有 9 隻亞成鳥之紀錄，看來是社交活動開始囉！

🕐 **14:06–14:12**

1022H1N1 1999，公孵蛋著。

🕐 **15:10**

到「嘉冬橋」。

🕐 **15:25**

惠蒔家之田附近，東方鴝飛降，一數約 500 隻，家燕成群翻飛，與惠蒔在田邊聊哪塊田適合「半野放」？

🕐 **16:20**

至魏醫生處探望，小鳥有長大，翅有增長樣。魏醫師說已

有 30 公克，但 6 天才長 8 公克，體重實在太輕，有活不久之虞，覺得不能再拖了，明天馬上實施「半野放」實驗。

1999／10／26（二），烏雲時晴。

🕐 **3:10**

美女情歌高唱。

🕐 **6:15**

抓鳥老頭又來巡田，鬼鬼祟祟。

🕐 **6:18**

東西 29，公孵蛋中。

🕐 **6:40**

東西 21（深洲路 200 巷），去年的渡冬區，以人工推車打過的田，再生稻已稍長，西側坡下有彩鷸（亞成）4 隻，東坡遠端有一對，近端落單之美女。中間稍遠有公鳥在巢中孵蛋。好消息，編為 1026H1N1 1999。西邊高壓塔上紅隼停棲著，牠是很多鳥的終結者，包括彩鷸，美女卻又不知死活唱了起來。

🕐 7:10

東西 20（尚深路 161 巷），沿南北方向建的高壓塔下，一塊休耕田中有水丁香長得枯美，又有 4 隻彩鷸亞成鳥在底下休息，其中一隻羽背已呈現女性色調。

🕐 7:50

回家了。

🕐 16:15

首次實施「半野放」。半野放法，意指在水田中用網子（高 2 尺）圍出一小塊，內有水、泥沼、水草，於是水、食物、隱蔽、空間四要素皆備，小鳥可在內自行取食，又可運動，保持天生之野性。

回程小彩鷸又哭了，哭聲 Gyou － Gyou －與紅冠、白面的小鳥叫聲類似，很像小雞之鳴。

希望牠存活下來，做一個好模範，以見證「阿猛藥方」有效，是救命良方。本來取名叫小五（因由五結國小伍老師送來），自半野放開始，改名為小嘉冬（冬山河嘉冬橋附近田區半野放實驗）。

小嘉冬看世界

　　第一次下田的我先躲在角落哀叫，但肚子好餓，沒辦法再逃避了，只能先吃再說吧！我吞了一口，熟悉土味一湧而上，心中忍不住喊著：「哇！就是我出生的土地樣。」忍不住一口接一口，銜到什麼馬上就吞下。

　　回途在阿猛的車上，雖然吃飽了，但想起自己離開親愛的兄弟姐妹已經 7 天了，胸口悶悶的，雖然這段時間翅膀已稍長，胸腹白羽也長出來開始覆蓋身體，若還在爸爸跟兄弟姐妹身邊該有多好，遺憾的是我們今生恐無法再見了，一想到此，忍不住 Gyou － Gyou －哭了起來。

阿 猛 日 誌

1999 ／ 10 ／ 27（三），晴無雲，轉小雨，21°C 至 27°C。

6:05

橙紅而微扁圓的大太陽低低掛，東方的地平霧靄，總是造就出最美的科學與藝術，科學家、詩人、畫家、攝影家，無不詠嘆。不一會兒竄升入雲中，輻射光束卻散灑於地平線上。神學家也加入詠嘆的行列了，神光乍現。

6:20

東西 29，1022H1N1 1999 公鳥孵蛋中。

6:30

東西 20，昨日 3 公 1 母的亞成鳥不見了。

🕐 6:40

東西 21，1026H1N1 1999 公鳥孵蛋中，另有亞成鳥 3 公 4 母，是否為兩群亞成鳥聚在一起社交聯誼活動？或更多家庭？去年此田有十多隻亞成鳥在此渡冬，今年呢？

🕐 10:00

小嘉冬半野放時間。

小嘉冬看世界

　　上午，野外課時間阿猛來領我，到了目的地，放我入半野放中心。照例，我一下田埂便故意隱藏消失，避敵的本能。剛開始不太習慣砂石車經過轟隆隆的轟吵聲，但肚子餓了，就不管了，還是得吃飽，而且也順便洗澡，已有一週沒好好享受洗澎澎了！吃了一會兒後，便開始洗澡，洗啊洗！過癮啊！洗完，渾身抖一抖，再抖，跳一跳，再跳，揮一揮，再揮，爽極了，再來梳梳毛，毛不梳不漂亮，胸、腹、背、腰、尾，再抓癢，拉伸筋腿。全身舒暢後就想休息了，打個嗝，張張嘴，吐吐氣。

　　餓了就吃，吃了就睡，待了一個多小時，阿猛才抓我離開農田。

阿 猛 日 誌

1999／10／27（三）

🕐 **16:00**

又來農田。由羅東至此約需 20 分鐘，將圍網範圍稍作調整，小嘉冬四處轉來轉去，看得我頭都暈了。

🕐 **17:00**

天快黑了，得帶小嘉冬回去。奇了，竟然不見蹤影，從入田處沿網緣繞了一圈也沒瞧見，我突感事態嚴重，心中恐慌起來，再仔細搜一遍，連每叢再生稻也仔細搜尋，但就是找不到。完了，一旦走失必死無疑，生死關頭啊，到底哪裡有漏洞？是地不平的地方，還是由網底與地之間鑽出去？怎麼辦？若是已逃出應該也在附近不遠，不可能憑空消失啊，我快瘋了，老天啊，牠在那裡？就快絕望之時，忽瞧見牠就在眼前一米處網中。

找到了！找到了！毫不思索，飛快抓住牠。

小嘉冬看世界

下午我們又再來，這次我沒有哭，圍網內似乎有些不同，水變多了。

天氣陰陰的，有點涼，我仍然不習慣大卡車經過的噪音，只好不停走走吃吃，來來回回，轉來轉去。半小時後有點累，不想再走了，停下來梳梳毛、打個嗝。鵒鵒來了，牠「唧哩─唧哩─」叫著，不久麻雀也來一塊合唱，小白鷺哥哥、姊姊在另一田埂旁從容不迫、靜靜踱慢步。我縮起脖子，感覺比較不冷了，真想打個盹，唉呀，如果不這麼吵，該有多好。乾脆整理一下肩羽好了，長了一些不三不四的毛，說長不長，說短不短，怪怪的，看來得時時整理了。

觀察了一下，旁人都是成群結隊，不由得感到好孤單，忍不住又呼喚著：「爸、哥哥姊姊們，你們在哪裡？我一個人在陰天暗地中找食物，沒有爸爸餵，也沒有哥哥姐姐陪啊！」心中恐慌無助，卻只能叫叫哭哭抒發鬱悶，明知沒有用，但還是按耐不住啊！

翅拉張，揮揮跳跳，眼看天就要黑了：「爸爸你在那裡啊？」

天要黑了，看見阿猛下田來，知道又要送我回孤兒院了，

我不想回去，想去找爸爸和哥哥姐姐，一回去就沒有機會了，不如趁現在溜出去吧！

　我的遊樂場是用四張細長的網子圍成的，每片網子邊緣捲綁著一根長兩尺的竹竿，再將竹竿與另片網的竹竿繫綁在一起接合起來，而在竹竿捲綁處都有網凹的空間，正好可以鑽躲進去，我機靈地鑽進去，阿猛當然就看不到了，我靜伏著，動都不動。

　天慢慢變黑，阿猛慌了，嘴裡還念念有詞，朝天頂拜了拜後，頭一轉，居然被他驚見。大概是怕我再跑掉，阿猛出手之快，我都還來不及反應，就已經落入他手掌心。

　回家路上，想起爸媽和哥哥姐姐，我又哭了。

阿 猛 日 誌

1999／10／28（四），陰。

深夜，「土」's call（彩鷸俗名叫土礱鈎仔），彩鷸美女情歌高唱，由西方傳來，聽來是遙遠的。

一夜之間，天轉寒，溫降。早晨，白面仍然對鳴高唱。日出後，溫暖些了。

⏱ 8:40

東西 21，公鳥回到巢（1026H1N11999）孵蛋中。亞成群又回來了，可見渡冬跡象。

⏱ 8:50

東西 21，公鳥孵蛋中之巢是最美的家之一。

🕐 11:50

順路往「嘉冬橋」之南，看看有巢之某田。怪了，蛋怎麼出現在舊巢下更低處，成了另一巢。若公鳥去新巢孵蛋時，從路上望過來是看不到的。何以如此？萬一下大雨，更容易被淹啊！或許舊巢之蛋已失，新巢是近幾天形成的，是另一成家立業，不同的主人嗎？謎！

下午，找深溝村陳老師，借他的南坐田先做一番整理。明天要給小嘉冬換遊樂場了，是個僻靜之處。

小嘉冬看世界

　　上午阿猛來帶我，昨天我的隱身術表演把他嚇壞了，所以今天他更加強網接處，並網撈了一些金寶螺入田，我吃的東西更多了，但還是很不習慣這邊的車流、轟吵和干擾，所以常常走來走去。我還只是一隻小鳥，稍微熟悉環境後就覺得餓了，再過一段時間我的食量一定會慢慢增加。吃飽了，我會梳梳毛，胸、腹、肩、尾、腰下、腳……，再抓抓癢、搔搔頭，拉直翅上揚，跳跳。我想既然有機會出來，就該多運動運動。

　　只是回家途中，在車上想起家人我又哭了，好想念爸爸啊！

阿 猛 日 誌

1999／10／29（五），早晴，午後雨，晚陣大雨，22°C。

🕐 6:10

東西 29 之巢（1022H1N11999）已拍照，很美之厝。

🕐 6:30

南北 8，路邊之巢，有新發現，編號為 1029H1N1 1999。
開始布置「半野放」遊樂場。新田的環境好多了，南邊是
竹林，西埂是菜園加果園，有香蕉、絲瓜棚、菜股。東埂
則是長約 2 尺多的水丁香、藿香薊、咸豐草等。北側百米
外圳溝北才是馬路，車流不大，只有東邊三百米是深溝國
小，上下學時間會稍熱鬧一點。

🕐 11:25

烏秋、白頭翁、黃鶺鴒、蒼鷺追逐群飛，讓人憶起近日新
聞，幻象 2000 因飛鳥而墜機，機場邊的鳥常因航空安全

之由被射殺，還有一些民意代表常大罵保護區之設立是
「人不如鳥」。天空原是鳥的原鄉，鳥被限制不能飛行，
怎麼還能稱為鳥呢？可憐啊！
夜，雨大了，「土」's call，夜深猶唱。

小嘉冬看世界

　　阿猛帶我入新田，我還是習慣性先 display（威嚇）。阿猛圈選出的園區，環境非常好，有水丁香小島連成一長條，另有莎草科及禾稗等小島。水有深有淺，乾淨多了，一會兒就習慣了。其實我還不餓，出來前魏醫師已經餵過我，現在最想洗個痛快澡。

　　頭入水，再抬起，左浸泡一下，右浸泡一下，翅打入水中，搖搖拍拍，尾抖一抖，翅又拍打入水，水花四濺，爽啊！真是爽！之前田水較淺且骯髒，沒辦法盡興，不知有多久沒這麼痛快地洗了。洗完後揮揮抖抖翅，跳跳，乾脆跑一跑，再跳跳。然後開始梳毛，梳梳胸，梳梳肩，梳梳尾，抓抓頭，再扭彎頭於身側摩擦摩擦。

　　好耶！再吃一會後，到水丁香大樹下休息吧！

　　這裡蜻蜓多，是飛來飛去跟我打招呼嗎？還是為了躲烏秋？其實我會吃水薑（蜻蜓的幼蟲），真對不起，但這是祖先傳下來的基因，我出生後就會找泥水中食物吃，水薑多表示水域生態佳。這裡有許多耕耘機（Tractor）耕過的小島弧，泥巴大塊小塊，高高低低，走起來浮浮沉沉，不如自然的棲地

順遂。但可吃的食物都在水中、泥巴中，不能太計較。

我頸部毛茸茸的絨毛長出來了，看起來怪怪醜醜的，也有人說很可愛，無妨。毛羽若長得不好，將來會怕冷，且飛行不流暢有力，如何生活呢？

烏秋突如幽靈由旁邊掠過，迅如閃電，急停於瓜棚上，大黑影飛晃怪嚇鳥的，且有時「唧ㄐㄧㄡ」高鳴，又飛追玩鬧著。「ㄐㄧ ㄌㄧ ㄍㄨㄚ ㄌㄚ」「ㄐㄩ ㄐㄩ」，白頭翁也來嘈雜一番，突然大烏秋兇悍地飛追黃鶯鴒，好可怕啊。突然一陣「呼呼」彷彿扇風的聲音，原來是大蒼鷺飛過，黑影有夠大呢！

兩個大白影飛來，好像是一追一逃，後面那隻突然「啊一」狂叫，飛落在遠遠的北邊水草堆中，一看是小白鷺。我總是會被驚嚇到，爸爸不在身邊，一切就得靠自己。慢慢習慣後，走到那個長滿水丁香和禾稗林的小島覓食，這時太陽露臉了，寒流沒來，結果出大太陽，也好，秋冬之交，我現在身上沒有大衣，天氣若是變太冷，我可受不了。等我衣服「製」好了，再冷我也不怕。

小白鷺在遠處快跑，橫衝直撞，急停，突尖嘴快刺入水。洋燕有時飛那麼低，由頭上掃過，討厭。蜻蜓一對，如龍捲風似往上螺旋飛升，快得不得了。看人家都有伴，我又想起爸爸了，情不自禁又哭起來「Ji － Ji －」。不知道是不是阿猛聽見我的哭聲覺得不忍心，他趕緊下田來帶我回去。

* * *

午睡後，阿猛再次帶我到田裡享用「點心時間」。我一下

田便毫不猶豫地吃，當然還是有點緊張，邊吃邊搖尾巴，沒辦法習慣有人盯著，身旁一直有可怕的聲音和身影。棕背伯勞在不遠處低空飛過，咬著東西飛到芭樂樹上吃了起來，他是很厲害的鳥，不久又飛下來了，停在田中小島上草林中，我真怕他看到我，幸好阿猛都在旁。之後我放膽到西島猛吃，很大顆的金寶螺也照吞不誤，西島北邊一來可藏身，二來吃東西無人看，於是我毫不客氣，拚命吃。

吃飽了，來洗個澡吧！頭入水，尾入水，翅打水，洗啊洗，還是老動作，洗完就揮揮抖抖跳跳，開始梳毛，我的毛羽現在雖然長得不三不四，但仍得好好「整理」，將來我會很帥氣很美麗的。是帥哥或是美女呢？呵呵，不想説，有一天我成年禮了，再來説媒吧！

活動一下後又想吃了，這會兒我往南走，水較深處有大顆金寶螺，吞起來得費工夫。高興時，我跳跳，揮拍短翅，連跳個七、八下，看看我的飛跳彈性如何，這才是我的天地，自由自在，可惜爸爸兄姐們不在身邊，若他們知道我現在長得很好，一定很高興。

我繞著西島吃，快走也咬咬草枝，有時穿過島像玩捉迷藏，滿好玩的。

洋燕又來低空貼水飛行表演，烏秋又在彼此追打，看得我膽戰心驚，還是不要透露行藏，在森林邊緣吃就好，我告訴自己勿得意忘形，跑太遠會暴露行蹤，深陷危境。

梳梳胸毛吧！這頸胸毛一直長出很麻煩，不梳理會亂亂的。

我吃一吃便忘了安全，越走越遠，膽子大起來了，鶺鴒鳥「ㄐㄧ　ㄌㄥ　ㄐㄧ　ㄌㄥ」飛了過來，一高一低，一升一降，似乎在警告我：「小嘉冬，注意安全喔！」我還是吃吃停停，今天準備大飽一頓，找到一顆好大的螺卻吞不下，硬吞，還是吞不下，旁邊又有一顆大的，一樣吞不下，還是換小一點的好了。

今天下午一直吃個不停，覺得天候快變冷了，能在野外天天吃的機會不多了。

沒多久開始下小雨，十天來第一次淋雨，涼涼的。　順便梳梳毛，抖抖翅，舒服過癮。我想再吃一點，但阿猛可能是擔心雨變大，下田要帶我回醫院，於是我躲在水丁香下伏著不動，讓他找不著，可是阿猛對我的習性摸得一清二楚，一下子就被他看到了，我只好逃跑，就是要跑給他抓，雖然每天都是他帶我「半野放」，但本能躲避逃跑是祖先傳下來的「家訓」，要保持警覺、不輕易妥協，要懂得保護自己，不管面對什麼樣的動物，虛張聲勢也好，逃躲也好，鳥的世界不就是這樣嗎？弱肉強食。

阿 猛 日 誌

1999／10／30（六），雨。

🕐 **7:05**

昨夜，下過幾陣大雨，晨則小雨不停，霪雨綿綿。南北幹
路 11，公鳥孵蛋中，水位稍高。

🕐 **7:10**

東西 21，公鳥孵蛋中，亞成鳥群仍在。

🕐 **7:15**

東西 29，公鳥從巢出，田中稍有水，無妨。

🕐 **9:30**

嘉冬橋區公鳥在孵蛋，稍後便外出吃東西。

🕐 11:45

水與泥中充滿了彩鷸的食物，無脊椎動物（Invertebrate）、螺、水蠆等。蜻蜓不但供養牠們，也是環境水質的指標，烏秋、伯勞、秧雞科等也得靠牠們施食，生態系是息息相關，各司其職。今天看到薄翅蜻蜓在表演「蜻蜓點水」下卵，牠們由今秋繁殖到明春，杜松蜻蜓則全年皆可見。

小嘉冬看世界

　　今天聽見阿猛和魏醫師擔心我在野外會淋雨，其實這點雨算什麼，我可是水鳥啊！老實說雨真的不小，但我還是先吃再說，抖抖翅，順便梳梳毛，清涼啊，洗個冷泉更好，洗完了跳一跳真舒服，這種天不算冷還能適應，我可以把毛梳得光溜溜，油油亮亮，且今天正好無風，若有風加雨，羽毛一亂就不好整理。無風只有雨沒關係的，我還故意站在雨中淋，沒有躲入水丁香森林呢！我吃吃、梳梳、抖抖，跑動一下，雨使我更不三不四，毛毛不上相，但這就是我的最新時裝，很 fashion 呢！

　　半小時後雨停了，這下可以好好梳整羽毛，全身上下通通好好梳個鮮亮。今天花了很多時間梳毛，有點累，打個瞌睡又醒了，雖然沒有覺得很餓，但心想還是再吃一點吧。

　　但沒多久毛毛細雨又飄落，我正在啄探水丁香下根叢土泥，啄啊啄很過癮時，雨忽然變大，雨滴打在背上、頭上很不舒服，急往禾稗森林中躲，怎知雨越下越大了，顆顆如豆，真討厭，煩啊，梳好毛正想好好吃一頓，看來這雨要下一陣子了。但管它的，肚子餓了就得吃，栗小鷺阿姨在田埂邊縮頭縮腦

的，白面卻一溜煙衝過田埂，雨仍大我照吃，草也咬，螺照吞，泥巴也探挖，吃飯皇帝大，水丁香島沿是我最常走動、最常啄食的地方，草根也是我常啄食的好所在。

我從西島走吃到中島，又吃回西島，雨仍下著，我全身搖搖抖抖，跳跳晃晃，把水甩掉，嘴在水中、泥中不停地探測，張合、含吞，連吃個一陣子才停。

沒多久又到了阿猛要帶我離開的時間，唉，我伏藏在西島北端之水丁香下等他，羽毛有點濕了，不過今天淋得爽快，吃得過癮。

阿 猛 日 誌

1999／10／31（日），晴。

⊙ **10:00**

今日蜻蜓多，在旁飛繞，在此蜻蜓點水的有薄翅蜻蜓和杜松蜻蜓，將來可都是水中生命寶貝。

⊙ **15:45**

下午地主陳老師和一婦人帶著菜來到西邊果園，小嘉冬隨即躲起來，躲藏逃避是本能。

小嘉冬圍兜之半環雛形已現，只是翅長得小一點，把嘴插入水中快速張合，看似有如振動，抖個不停，他是用前後或左右混合式的移動法，所謂「地毯式搜索」啄巡，一探到便夾住吞食之。螺、水蠆是主食。

⊙ **16:30**

與魏醫師相見，讓他將小嘉冬帶回醫院。

小嘉冬看世界

今日放晴，溫暖太陽是大家期盼的，小嘉冬我可以在野外享受日光浴、水、食物了。一早魏醫師一家人來探望阿猛和我的戶外活動，晴朗的禮拜天大家都度假去了，阿猛卻得陪我，真的是姓「ㄩˊ」（愚）。今天可要好好晒晒太陽，不過得先洗個澡，洗完澡抖動搖滾樂，再細膩梳毛，暢快又溫暖。難得好天氣，秋風微涼，我吃吃跳跳，把翅往上拉伸，扇風試力，再彈跳練腿功十來下。小白鷺叔叔「啊一」一聲飛衝下來，嚇死了，我急低伏縮身，白影已迅速遠去。栗小鷺在埂邊縮頭縮腦，白頭翁群飛到芭樂樹上吵鬧，好一會兒才警覺到阿猛就在旁邊竹林下，驚飛而去。眾多蜻蜓在網邊上空飛來飛去，可疾可停，蜻蜓媽媽有時來個「蜻蜓點水」。

洗澡梳毛，晒晒太陽，又繼續放膽吃了，從西島吃到北島，再回到西島，而南島是阿猛所在的方位，我未曾走到，去看看也好。南島也是水丁香樹林，島沿很多螺可吃，我就不扭扭捏捏了，自在瀟灑地吃，由南往北再轉向東，是一大片空曠水域，沒什麼好怕的，走吧！吃吧！吃飽後到北島水丁香北端遮蔭下，讓南方的阿猛看不到。

蜻蜓多了起來，在旁飛繞。小白鷺和黃頭鷺竟然沒有吵架，不知何時飛來一隻中白鷺，就在西邊網外近處，那麼大的鳥，把我嚇一大跳，趕緊放低姿勢戒備，總是這樣吃到一半忽遇敵情，我就得向後轉快跑，躲入水丁香樹林中。等白鷺飛走後，才又出來晒太陽，拉伸左腳，向旁向後拉，我的飛羽已經長到遮住體側黑帶四分之三以上了，再過幾天，便可全遮了。真希望快點長大啊！

　在樹邊下休息，用腳抓右臉和嘴，有時嘴尖啄磨腋下。反正常要梳毛抓癢，鳥嘛，就是扣扣、啄啄。兩翅微張，振振有韻，嘴向下、向旁、向後，有時伸夾到尾羽上梳。向下可啄腳，可啄腹下後端，這兩個動作都須盡量拉，柔軟度也是這樣練出來的。蜻蜓飛到裡邊來，在島邊飛啊飛，褐螽斯在網上爬，我不知該如何跟牠打招呼，或是該警告牠，附近有白面、紅冠、黃頭、棕背，很危險的。

　站在西島水丁香下西邊，吹風兼曝日，溫溫又涼涼。儘管中午日頭爬最高，但秋陽的暖意令鳥身心舒暢。我由西島沿北濱吃到中島偏東，快到最束端網邊界了，吃完後喝水，點

點水、甩甩頭、啄啄毛，嘴可沾水，可喝水，還有……，用途說不完啊。大蜂突然出現在東南方，空襲警報，往西快走啊，我還想跳一跳，卻被阿猛帶回去了。

* * *

下午，阿猛來領我時，在車上又忍不住哭著找爸爸，唉，就是會想念啊。但下田後隨即往西島直奔吃了起來，我餓了。

趁日頭還大，洗個澡吧！走到西南角水域，我誰也不怕了，伏下去，泡個半身，頭下、尾下、左下、右下、頭下、尾下，兩翅拍打，水花四濺。哇！全身都濕透了，過癮！洗啊！洗啊！泡一下，再洗啊！洗啊！再泡水、打水、入水。全身濕透透，開始梳毛，尾、胸下、臉也磨一磨，用腳搔抓，扇翅，全身抖抖跳跳，精神爽。

不一會兒多雲，陽光淡弱，還好剛剛趁暖洗完澡，全身舒透了。涼涼的風漸起，風秋涼，陽秋暖，水秋藍，下午北風吹，水波由北粼粼湧來，早上波平，下午波起，陣陣漣漪，葉子飄落，水草森林搖擺。我覺得很舒服，再把翅兒展，揮一揮，扇一扇，舒服筋骨，躍躍欲試。

光影已稍斜長，我開始覓食，黑狗一大一小忽現身於田之東埂的東邊不遠處，我趕緊躲入西島。阿猛緊盯著他們，小狗很活潑，在草上打滾蹦跳，幸好一路跑向北，漸遠了，我

鬆了口氣，走出來繼續吃。入西島再出好幾回，總是不敢到中間去。怪了，膽子怎麼變小了？其實很想到中島，甚至吃到南島去，但跨出的腳又縮回來。

　　沒想到這時有人來了，真討厭，只好趕緊躲起來，等到好不容易走了，風變小了，波浪小了，太陽已低，我的影子也變長了。豆娘在網外飛碰著網，我猶自吃著，打個嗝，嘴咬毛，腳抓癢，吃到中島去。天快黑了，得吃快一點。棕背伯勞在西邊不遠處的芭樂樹上，唱起鶯聲燕語來，好假喔，我得更小心了。棕背伯勞收斂起粗啞聲音，居然也發出「ㄐㄧ　ㄍㄡˇ　ㄍㄨㄞ」，還有「ㄐㄧˇ　ㄐㄧㄡˇ　ㄐㄧˇ　ㄐㄧˇㄐㄧㄡˇ……」，各種鳥叫牠都會，唱了一陣子還繼續唱著。遠處傳來「ㄍㄚˊㄧ」夜鷺響亮的出巡號角，他們已準備上班了。

阿 猛 日 誌

1999／11／1（一），冷鋒到。

42 公克，6 天才長 12 公克，還是太少了。7 點多，突然一陣狂風大作，有如颱風，聲勢驚人。漸漸慢弱下來，便覺寒意來襲。紅冠雞十幾隻在北田水中漂游，白面一早亦對鳴不已。雨陣陣，有時小有時稍大。

☀ **10:25**
突然一陣強風，森林沙沙作響，小嘉冬慌張得左右張望，沒有爸爸保護的牠大概還不瞭解天候的變化，目前只遇過小雨、中雨，我有點擔心遇到氣候惡劣時，牠會怎麼面對呢？

這塊水田，水位適中，有一些小土丘如小島，水丁香和莎草、禾稗等就像水草森林，島上水中皆有，這就是水鳥的避難所（Refuge）啊！水丁香開花時，引來蜂群，體型較小的那一種，水域上空穿梭飛行者，最多的是蜻蜓，墨綠色的，附近有果園、菜園，有不少鳥常出沒。

小嘉冬看世界

　　原本還下著雨，阿猛將我送入田中時雨停了，天很陰，但山頭上方微透天光，風已不強。我下田後就吃起來了，一路走吃到西島。一隻小飛蛾停在葉上，被我一啄落水了，馬上一口吞下，順便也啄咬幾口葉子。我真是無聊啊！

　　飽了就洗澡，今天洗得很快，頭泡泡，尾泡泡，才十來下，便清潔溜溜，揮揮翅，梳梳毛。烏雲向南飄得很快，我梳毛完畢後又開始吃，突然吹來強陣風，有個奇怪的聲音害我心一驚急縮脖子，看看週遭動靜，奇怪沒有敵人啊，那又是什麼呢？啊，不管了。

　　我站在西島北端水丁香大樹下，脖子縮著頭朝西，聽棕背伯勞表演唱歌，其實應該說是死亡前奏吧，搞得鳥心惶惶。我靜立著提高警覺，警戒留意四周，風吹皺水鏡，今天有點涼，不想動就站著吧，也沒有哭喊爸爸，站了很久想打瞌睡又不敢，因為沒有伴啊！

　　沒多久天更黑了，風也漸漸強，我脖子更縮了，突然天空有一大黑影，飛得很不規則，拍翅很用力，可能是鷺鷥逆風飛不順，忽高忽低，我覺得怕怕，趕緊頭胸低伏，尾抬起、趴地、

凍雕，就在水丁香下，等影子遠了才敢站起來。左腳拉拉筋，往後抬踢伸，胸毛順便梳梳，臉抓抓，再用臉磨身體。

　　東邊菜園有人影，我搖起尾巴急忙走避，一直不敢走離西島太遠，嘴鑽入樹根、草根處，吃吃泥巴、水中之物。放膽走一回北島，發現比較透空，森林較不茂密，只要有風吹草動，就會讓我緊張快跑入林，於是又繞回來了。吃來吃去總在這個小圈圈繞，東西沒那麼豐富，可是我又不敢到東水域或中島、南島去，只好就近吃吃走走、走走吃吃，累了就拉拉腳筋。棕背伯勞飛來南方近處一竹林梢頭，居高臨下又在鳴唱了，嚇得我心裡直發毛。

　　午飯後，在阿猛送我回魏醫院途中哭個不停，雖然十七天大了，還是很愛哭，沒辦法我實在太想念爸爸和兄弟姐妹了。

阿 猛 日 誌

1999／11／2（二），陰，冷，早上溫低，風強。43.5公克。

🕐 01:55

台東縣成功東北方外海，6.9級大地震，花蓮5級，宜蘭4級。

收留小嘉冬已兩週了，而「半野放」於田中則有八天。長相是頭央黑帶，由前往後，頸脖長著似棉花的絨絨毛，灰白灰白，圍兜的樣子稍有形，即胸有灰白區，肩背羽已長出V字形黃羽，飛羽長到遮住側黑帶四分之三了，背脊中央之橙色帶漸淡，尾羽之絨毛猶ㄔㄤˋㄔㄤ，胸腹白毛漸漸長，尾下後腹到腰還沒長得很白很好，背及飛羽之覆羽黃斑點漸顯，黑過眼線猶在。

🕐 15:31

有雷聲，糟了，等等可能要下大雨了。果然沒多久，烏雲從東邊飄過來，雷聲也漸漸近了，聲勢嚇人，很快會有豪大雨。提前回去吧。

小嘉冬看世界

早晨入田有風稍涼，水位較低了，西島是我固定的庇護所，頭朝東，用右眼看阿猛已成了我的習慣，吃一會兒後，揮翅、彈跳，熱身動一動，觀望四周，走小圈，梳梳毛。

棕背伯勞靜悄悄由西埤那邊飛出，朝北而去入菜園，蟲聲唧唧。烏秋在南竹上（昨日是棕背伯勞）鳴哨，突然俯衝向北而去，掠過水面低飛，一瞬便百米開外，卻由東又飛出4隻烏秋，群落於西菜園香蕉樹上，聲勢赫赫，我鳥單勢孤，且是弱小，得小心躲避隱藏。路上那端有一烏秋由地上咬起一隻麻雀，飛至鐵絲網籬上，另一隻烏秋則在旁，是他們咬死麻雀嗎？或是想吃麻雀體內蛆蟲？

快走到中島，顯然有較多可吃的，我在中島南之泥沼上吃個不停，烏秋在遠處一直吹口哨。今天水較淺，泥沼浮出，還有草根、樹根，讓我啄啄拉拉啃啃，很過癮。烏秋突然悄飛至網邊卻又急轉掉頭而去，可能是發現竹林下的阿猛，若非如此，不知烏秋是否會攻擊我呢？我還是快回西島躲起來吧。

既然吃飽了就梳梳毛，我最喜歡把頭彎下來梳胸前正下方

了，但烏秋忽然嘎嘎高叫數聲後又轉吹口哨，把我嚇壞了。但我累了，不管他了，站著睡一會兒，胸朝西，頭轉向東，將嘴插入肩羽中，用右眼看阿猛。此刻風有點涼，不能躲在爸爸胸懷撒嬌，我的心也好涼。好想睡，但仍告誡自己不要睡過頭，有時也得伸出頭來，看看四周動靜。

風很涼，起來動一動換個姿勢，頭朝東，身亦朝東，右腳縮起來，練單腳功。

冷到不想動，打打呵欠，張個嘴，吐個氣，還是再去吃點吧！

督促自己走快一點、膽子大一點，可是尾巴就是上下搖個不停，但我還是鼓起勇氣走到中島區去了，沒辦法這裡食物多啊。吃到了中島東緣再折向西南，雖然盡情地吃，但尾巴還是搖不停。鷹斑成雙由網外近處一小草島中突飛出，並且發出「唧」聲，嚇我一大跳，真是的，我已夠緊張了，只要有風吹草動，都能把我嚇個半死。斑紋鳥群ㄐㄧㄡ ㄐㄧㄡ叫著，仔細聽跟我哭叫爸爸的聲音很像，就沒什麼好怕了。

小白鷺從天飛落下來，又讓我緊張了，幸好降到遠處。真是煩啊！快走回西島，由西島南緣繞出來，本來我都在這水域洗澡的，繼續快走向南島，繞來繞去，吃啊，吃完再去北島吃。北島這裡有好多吃的，我在草、泥中走來走去，不停吃！吃！吃！奔回西島，再出去拍翅跳跳，繞跑北島西南隅一圈再吃。

實在太過癮啦！

管它冷不冷，洗個澡吧！尾腹先下去，尾上下搖，數一、二、三、四、五，有時是一、二、三、四，搖擺三趟，頭、嘴下去一趟。左翅搖，斜一次，右翅搖，斜一次，這裡水太淺，換個位置再來，尾入，頭入，站起來，翅揮揮，跳一跳。梳毛時先把尾翹上來，拉拉尾，其他各處全身上下，也都得梳理乾淨。梳毛時兩翅保持微張不停地抖，梳啊梳，梳啊梳，頭也得擦擦磨磨，腳也伸來抓抓癢。

* * *

下午點心時間由北島下，快快走到西島去，我的尾巴搖不停，搖到西南端了，天氣有點冷，拉翅上揚且彈跳，跳躍個十來下。C.C.W（逆時鐘）繞小西島一周，再揮舞扇動翅膀，跳躍一下。

海風吹來水波粼粼，冷鋒光臨有樣子了。

啊，白面出現了，在西邊不遠處，他本想過來的，卻突然飛往西去，一定是驚覺有異，大概是發現有阿猛在的關係，我C.W（順時針）轉身一圈，再揮揮翅，跳跳。快走向東轉南，是水較深處，我可要好好大吃一番，吃相鐵定像極了稗鵯和雲雀鵯過境時的狼吞虎嚥。又繞小西島一圈出來，C.C.W，「唧——」小藍影突然在水面上掠衝，旋飛升降之快，捕風捉影，是人稱釣魚翁（翡翠，魚狗）是也。

地主廖阿姨來了，我快跑躲入西島中，連阿猛也躲起來。

西有廖阿姨，東有一對夫婦在種菜，他們都不知道我躲在

圍網池中吃東西，我真的很討厭被人吵鬧，於是悄悄吃到中東區，再折回中島。涼風吹著吹著，天是陰陰的，再往東行，吃到南島邊。我快走急停，走路像小環頸鴴，吃相像過境之鷸，埋頭苦幹。

快走，右彎一下，左彎一下，這叫迂迴戰術，折回西島去了。雖然很緊張，尾巴搖不停，可我還是吃吃走走、停停吃吃。東邊老是傳來異聲和晃影，我跑入西島，躲到西島西，窩在西南端水域吃，可就近隱身折返回西島。慢慢跑到南島來，吃到南島之南，這已是下午最大膽的表現，吃飽後快走回西島。偶來一陣強風，竟然把我吹得倒退一步，被風吹得不知所措，只好先躲起來梳梳毛吧。

天很黑，有雷聲，所以下午才一直靜不下來，等下可能會有暴風雨吧。

下午，我一直吃個不停，吃了一個多小時，未洗澡，全區走透透，吃得飽飽的。但回家在車上又哭個不停，我已三週大，有兩週未見爸爸了，好想念家人啊，邊想邊哭，今天哭得最慘。

阿 猛 日 誌

1999／11／3(三)，有小雨，稍冷。44公克。晨，白面仍對唱。

根據推算，小嘉冬約 3 週年紀，圍兜灰毛和胸下白毛都長出圖樣來，胸前還有一條凹溝，翼上黃斑點也漸漸明顯，背之黃 V 紋也漸顯漸長。

小嘉冬看世界

　　天已稍冷，有小雨，我避走向西島去，靜靜站了一會兒。之後才向東南水域走去吃東西，我喜歡把嘴插入泥水中，快速開合掃探，將食物夾住吞入，小的一夾便可吞下，大的便需稍將嘴前端上抬一些，再利用舌頭使之入喉，這是我吃東西的特有功夫，目前已學會開始吃一些顆粒了。

　　一小群斑文鳥「唧唧」輕鳴飛過，往最愛的禾稗去了。天一冷，整塊田除了蟲聲唧唧，似顯得較往常安靜。為免暴露行蹤，我快走半帶跑穿過露天地帶，到南方水域吃水中之螺或水蕈，一驚覺有異（或許是神經過敏），便快跑回西島躲避，觀望動靜後，又快走向南區。如此來來回回，跑了不少里程，當作是鍛鍊跑路兼運動。我們的習性不是飛就是跑，再來就是慢走、散步或吃東西，休息不動或冷靜觀敵，以不變應萬變，可以凍住如雕像很久，不讓敵人察覺，緊急時還會伸翅平伸威嚇敵人，但最最最危險時，那就是快快快飛逃吧！

　　今天一來就走到南區水域，因為容易暴露行蹤，以前極少過來。誰知才剛到忽然一團黑影從頭頂掠過，嚇得我急低伏

趴，偷偷一瞧，原來是栗小鷺阿姨，來也不先打個招呼，就這麼飛衝過來，總是偷偷摸摸地。哎，其實我們還不是一樣，老實說太公開、太光明正大，只有對自己不利而已，尤其是面對「人形」動物，他們可是最嗜獵嗜殺的種族啊。

我大膽東進北上，吃到北島與南島之間，走路也挺立起來，越來越熟悉這裡了，只要沒有干擾，我就可以自由自在、大大方方覓食。我的吃樣一點都不「溫文爾雅」，嘴邊掃邊夾，頭也歪來歪去、動來動去，碰到大東西咬拉不起來，連頭都會整個歪掉。我動作快吃不停，也因為消化好很容易餓，如果大自然糧食發生短缺，我的族群們一定都會餓死。

小白鷺「啊」一聲飛落下來，就在網籬外北方不遠處，我正提防著，又飛來一隻「啊」得更大聲兇悍，欲把第一隻趕走，眼看就要大動干戈開戰了，我急速跑向西島躲入水丁香下，搞什麼嘛，小白鷺老是搶地盤打架，而我也只能梳梳毛，看看周遭，發現上面有動靜，就把頭打歪，讓一個眼睛在上，另一眼在斜下，這叫頭ㄑㄧㄑㄧ（歪頭）。

發現好像無異樣，就簡單梳毛，尾巴拉一拉繼續吃，吃到西南角網邊，南側網邊。探頭望向南邊，網外那裡好像很不錯，我用嘴咬咬網卻過不去，只好繞回西南角落區，短短距離來回走了好多遍，好像什麼都不怕了，越來越自在，也可以說越來越活潑調皮，藝高膽大吧！

* * *

下午課時間。

阿猛尚未坐定，我已經吃起來了。原以為一切祥和，卻突然出現三個小男生來溝中抓魚，還越逼越近，幸好被阿猛哄請到遠處去，但這一驚擾，我不得不躲入西島。食量大也會「拉」得多，今早在西島東，就「拉」了不少，不知道以前在屋中「拉」的，跟現在在野外「拉」的有何不同？可能得問問魏醫師了。不過我是不在意啦，只在乎有沒有得吃。

下午田水較淺也較不冷，清風徐來，水波微興，秋風送爽。我停立在西島東岸，頭朝東，用右眼看阿猛。誰知小白鷺又飛衝，以彎弧降下於北邊，我只好走向東到北島附近吃。哎呀，不得了，我吞下一粒很大的螺，竟然ㄍㄨㄌㄨㄌㄨ就解決了。一陣急風忽來，我嚇得快走回西島，留在西南端吃。小白鷺突從東邊飛衝而來，眼看快到我附近，趕緊快跑入林，他就降落在我西南方近處，只是我在網內，他在網外，無聲無息，圓滾

滾的眼睛瞪得好大，嘴好長，虎視眈眈望著水面，突一劍刺入水，又一刺，劍拔出水，頭頸一搖，隨即吞下戰利品，會是「肚肚娘」嗎？我才不敢問答案，只見他漸漸往北去，越行越遠了。

這些大飛鳥、小飛鳥，老是無預警就飛出來，也不打招呼，真是不夠意思，鳥嚇鳥，嚇死鳥。

好啦！洗個澡吧！在西島西洗了一下，尾腹下水，抖了四、五下，水太淺了，換到西南端，即網田中最西南。水較深，身泡下去，尾搖入水，一、二、三、四、五，右翅振，一二、三、四、五，左翅振，一、二、三、四、五，右翅振……。就這樣洗啊洗，弄了十幾個循環，過癮啊，抖抖翅，用力揮扇，再跳一跳，開始梳毛，先把尾拉一拉，再梳胸毛、腋下、肩，頭貼著肩磨一磨。早上沒有洗澡，因為天較冷，下午暖和了，趁機洗個舒暢，梳妝得漂漂亮亮，有沒有人猜得出我是帥哥還是美女呢？

又一小白鷺由東飛衝而來，竟趁我正在梳妝來鬧場，這次我可有準備，才不管他看來比我大，向著他的方向，我低伏彎下展翅威嚇。哇！怎麼樣，我勇敢起來了，不是這麼好欺負的。他低飛而來尚未降落，先前到來的那隻小白鷺竟「啊」一聲飛去驅趕，後來的小白鷺只能落荒而逃了。看來我的威嚇似乎沒用，還是快躲藏起來吧，幸虧敵人跑了，趕緊換個

位置，到西島繼續梳妝整毛吧。

　　我越來越不怕阿猛了，最近常到南區吃，讓他可以挺直腰桿看我，縮頭縮腦是我的本事，不該是他的專長，為了怕影響我吃東西，他總是彎腰駝背偷瞄我，夠辛苦的，我該大方點。東北邊來了一家六口人，夫婦和四個女兒，在菜園中約30公尺外，太近了，我得躲入西島。他們越走越近，在菜園東邊20公尺處，我躲起來他們看不到，此時不能出去吃，就梳梳毛休息解悶吧。

　　先前那三個小男生又想過來，菜園主人也走近了，我不得不躲到西邊去，他們講話很大聲，採收這個採收那個，帶了四個女兒，叫啊叫的，不知道要採收多久？管他的，我在西南端吃吧，臨機應變就是了，下午時間很寶貴，不到5點，天就昏暗得一塌糊塗。但沒想到他們突然又靠得更近，我緊急再次衝入西島水丁香森林和禾稗森林中，只能希望他們早點結束作業，不要讓我餓肚子，這下是真的只能藏在最西邊。

　　風停了，空氣更凝重，氣氛令我緊張。不能這樣一直耗下去，肚子好餓，還是悄悄走到西南，稍往東吃，他們不見得知道我在這裡，我這麼小不點，在泥沼田中，有誰能像阿猛可以知我行蹤呢？

　　小鬼們又從溝邊逼過來，若一直走過來我就慘了，阿猛之

前才哄離他們，怎麼這麼煩呢？聽見另一個大人竟撐腰要小孩去問問阿猛是幹什麼的？為什麼坐在竹林下？唉，阿猛還得編故事跟他們哄半天！囉哩囉嗦一堆後，小鬼們終於走了，但那個大人還跟菜園主人一直聊個不停，更慘的是又來一個女人跟老婦聊了起來，他們站在阿猛東邊不遠處，對我有極大威脅，我只能藏得死死的，完全不敢出來。

　　唉，等了很久很久很久，總算人通通都走了，我趕緊把握天黑前最後時刻，埋頭猛「吃」。

阿猛日誌

1999／11／4（四），陰，小雨。48.5 公克。

小嘉冬昨夜自行吃蟲，開始增重了 4.5 公克哩。

昨夜開始下雨，陰溼，稍冷。東西 29 路之巢及南北 11 路（尚好路）之巢，皆已成功孵出小孩。如此季節要涉水，取食，耐寒，避天敵人禍，爸爸帶小孩們浪跡天涯，艱辛啊！

🕐 **7:25**

於東西 29 路往南看，忽有 7 隻飛鳥向西北飛往省道，山之方向往西去，小辮鴴也。首次見到離海岸線遠之小辮鴴，以前總在海邊壯圍鄉新南村，五結鄉利澤五十二甲感潮區之濕地沼澤，數量可達數百。

陰涼天氣，有風，比微風大，會使竹葉沙沙作響，水位因昨夜雨升高了，和 11 月 1 日情況類似。

11:00

氣溫 19.5℃，水溫 20.0℃。

小嘉冬想洗澡時，會走到水深及大腿處，尾搖搖，一、二、三，一、二、三，喝點水，尾搖搖，一、二、三、四。起身往東北走，卻又繞回西南，再入水深一點，尾又搖，一、二、三，又洗一洗，但翅未入水拍，只是把腹下及尾搖搖入水，拍拍，水洗一下，不像大晴天曾大洗特洗一番。洗完起來，揮揮翅，抓抓臉，快走到島陸上，梳胸毛、腹下、尾羽，臉彎斜下向右在肩胸擦一擦，亦磨一磨。梳脖子時，將頸拉長，頭抬高直。嘴朝內向下梳毛，胸部漸漸有一漂亮圍兜圖樣，半圓弧輪廓。毛梳理整潔後，腳伸一伸，翅拍拍揮揮扇風。

小嘉冬看世界

我一下田習慣先拍翅，伸展快活一下，拍個十來次，再跑跳跑跳，到野外來，天氣又清涼，有水有草，當然覺得精神來了。

小白鷺由東飛來，落至網南，離我近，我急忙躲避，靜觀其變。但今天我比較不怕了，看牠沿網邊由東而西，繞過西南隅，再由南而北，過西北端，又由西而東，等於在網外順時鐘繞了快一圈，我在網內吃我的，牠在網外吃牠的，我不用搞威嚇，牠也不要嚇我，那麼便可相安無事，井水不犯河水。

一會兒牠已吃到北方，漸行漸遠。小白鷺常用腳在水中抖啊抖，好像在攪東西，然後長長的嘴閃電般急刺入水，一口便吞，看不出是吞什麼？肚肚娘或水中昆蟲？當牠在外圍吃時，我還在池中拍翅跳舞，高興與牠打招呼，誰知牠理都不理，太傲慢了，差勁。

在西島東，水多，我尾抖動著，想洗澡，快走向南，入水。洗完後，上島陸禾稗森林休息一會，咬咬草，咬咬拉拉地上東西，我將嘴插入泥水中，偶而咬咬草枝或地上物，有時梳

毛梳飛羽內側及肩胛骨處，全身梳透透，舒透透。

　開始準備再吃，一隻野狗從工寮衝過來，被阿猛驅趕往回跑走了，好險。慢慢來到北島和南島間，這個區域已熟悉很久了。站在北島水丁香西，就在網邊梳梳胸毛、背脊，毛一定要梳好，才會長得漂亮健康。

　繼續往東，再往西回吃，往西島去，換路線沿北線走，有陸地可走。在中島吃到一顆特大螺，吞不下，再試，還是不行，又咬起含著，再吞，硬是吞下去了。啊，糟糕 …… 差點哽住、卡住，趕快張大嘴喉透透氣，再咬咬草，沾沾水，吞一下，哎，實在不可貪心，剛剛若卡住沒命怎麼辦？尖長的螺，真不好處理。

　到了西島，「拉」一下。來到中島西，吞了一顆很大的螺後，再吞一個稍小的，越來越有心得。

1999／11／5（五），陰，偶毛雨，55 公克，增 6.5 公克。

在家已能自行取食蟲、螺。之前兩週才長 20 公克，昨今兩天便長了 11 公克，補重回來了。

10:10

帶小嘉冬至田途中，還是哭，第一種聲調是「ㄅㄧˊ ㄧ˙」，第二種聲調是類似以前「gyou gyou」的「Ju ㄧ（糾）」的哭調。

10:45

小嘉冬洗澡會挑地方，快走來回幾趟，有如繞圈子，尾巴則上下搖不停，其實是緊張，也彷彿是害羞。頭胸下水，搖動起來，頭入水，起，尾入水，起，拍翅。尾腹部入水多，頭胸少，一、二、三、四，洗啊洗，好了，起身，往回走，邊走邊揮翅，甩水，跳跳，爽，過癮，梳毛，抓癢，用右腳，用左腳，抓抓臉。毛每天都在長，長得多，長得密，長得

更有顏色變化，羽根抽長，抽壯，羽軸抽長，舊羽茁壯，新羽長出，有如換裝，一直換。脖子長著如棉絮的毛絨絨，尤其是後頸部分最多，逆光時，如白色的甜根子草花呢！

🕐 **11:12**

吞了一個特大的螺，小嘉冬臉頰有白絨毛，遠看以為是留白鬍子。

🕐 **11:50**

中午，把我家北田西邊田岸之竹竿列拔出，折斷，陷阱拆除。捕鳥人是一老農，不該啊！

🕐 **15:30**

回程在車上小嘉冬又哭了，先哭以前的調，等快到魏醫師醫院時，叫出「ㄅㄧˊ ㄧˉ」第一種調，跟早上來時的順序正好顛倒。

小嘉冬看世界

我能自己吃蟲、螺，不用再勞煩魏醫師餵，他辛苦，我也煩累。

阿猛帶我到野放田的途中，我又哭了。人不懂我在哭什麼，有時是肚子餓，有時是想找爸爸。但下田後就馬上吃來吃去，現在連阿猛站著看我，我也照吃，已知道他是朋友，但我當然還是喜歡在無干擾情況下，自由自在地吃最好，不過阿猛都是躲在竹林下。

今天陰，微風，水鏡有點波紋，雨早就停了，斑文鳥輕聲鳴唱於禾稈叢中，我頭中央黃紋稍稍顯現些，已能看出樣味來，我會照「鏡子」，「鏡子」就是水啦。遠處大卡車經過竟然按大喇叭，叭——好長一聲，嚇我一大跳，連忙後退一步，雙腳本能地矮蹲一節，真是太可怕了。

我站在西島東水岸處，動也不動，頭朝東。吃飽洗完澡，梳理完畢，take a break。

翅拉張向上向旁，有如伸懶腰，走，再出去吃囉！

小黃蝶飛進來，在水丁香花處飛舞，我很好奇走近看，她一會兒又飛出去，飛遠了。沒多久再次飛進來，我注視她隨

她轉身，但她不肯停下又飛出去了。棕背伯勞又在展現「語言天分」或者該説是「語音騙術」？他會裝各種鳥音，有哨音、有細語、有鶯聲，我還是小心藏好為妙，很可怕。

「啊─啊─」兩隻小白鷺在飛打，從近處掠過，後面又飛來一隻更兇的，我飛快跑入水丁香林中，太恐怖了！最兇的那隻飛過去，「啊─」威巡一番又飛回來，我藏好要緊，真是頭痛，連吃個東西也要來鬧場，應該是「吃飯皇帝大」啊！

「啊─啊─」沒多久他也飛走了。我心想拜託不要再來這邊打架，真受不了！

總算可以出來吃了，自己得小心點。沒想到小白鷺無聲無息又飛掠過來往西而去，我急忙蹲伏，頭低下向後退入林中，直到飛遠了我才敢走出來，害我尾巴又搖得很厲害。不過比起之前，我現在越來越自在敢放膽吃了，除了東區水域沒去過外，其他已走遍了四分之三，不管如何就要快快長大，等我能飛時，便可去找爸爸和兄姐。

* * *

下午野放時間。

田主人廖阿姨正在採收親種蔬菜，她是好心腸的菩薩，慈悲樂施，阿猛把在紙箱中的我秀給她看，並表達感恩之意。我一入田馬上吃了起來，阿猛如常回他座位入定。下午水鏡無波，近乎無風，我放鬆一下，拉拉腳筋，小蜂在旁邊草花上採蜜，我是不吃蜂的，牠也不會咬我，麻雀群現身了，唧唧喳喳個不停，白頭翁則「ㄍㄧ　ㄍㄨㄚ　ㄌㄚ」高唱。風停了，空氣悶了起來，烏秋哨音「ㄍㄧ　ㄍ you ㄧ」叫著。

我挖樹根和草根，挖過頭了，把滿嘴搞得皆泥，額頭也沾了泥，成了泥小「土」了。我挖泥中樹根或草根，常常會挖得忘我，咬不出來的更想要咬、挖。

廖阿姨在西邊不遠處套塑膠袋包覆果子，我照吃我的。在「人形」動物世界裡，這塊田的文件上寫著她的名，我們野生動物已經沒有自己的土地了，還不知能不能寄人籬下，討口剩飯吃呢？好人也跟我們一樣瀕臨絕種了吧。

我要休息了，站在西島東沿草中想睡覺，把頭向左後轉，嘴插入左肩羽中，打盹。睡未安穩，烏秋兩隻追飛到附近，哨音響亮，聲勢驚鳥，我一不安便走動起來，看來還是別睡了，野外時間寶貴，才一走出來就咬到一顆大螺，費一番功夫吞下去了。

來了兩個小孩，沿溝由東往西一直抓蝦過來，阿猛勸他們離開勿近，都不聽，年紀小小卻蠻硬的，且跟廖阿姨認識，難怪不抓個夠不罷手。看來我得換地點吃，不然這樣耗下去

不是辦法。悄悄到北島草林中吃，只要不被發現一切 OK，險中求勝就是不變應萬變，把嘴插入肩羽，眼睛保持警戒敵情，那兩個小鬼還在西南方不遠處抓蝦，就是不罷手，很煩鳥！

尾巴搖啊搖，搖回西島去，兩小鬼竟然由西往東走過來，我瞬間失去了鎮靜，驚慌地露出行蹤，被那矮小鬼發現，他居然喊著：「那有個東西！」另一個小鬼也喊：「走！下去抓！」

完了，被發現了，我趕緊逃到北島，沒想到阿猛發火了：「小鬼，走開，回去，要愛護動物，怎可亂來。」

兩小鬼看大人翻臉，只哼了一聲心有不甘地離開了。我今天險遭災禍，「獵人」真可怕什麼都要抓，看來我就是這樣被迫跟父親走散，我更應該學會好好利用就地隱蔽的功夫才行，沒想到平常看來溫柔的阿猛為了保護我，有時也不得不裝兇悍些。

阿 猛 日 誌

64公克，一天長了9公克，增重六分之一，太精采了。小鳥的體重開始補回來，謝天謝地啊！

⊙ 10:35

小嘉冬頭央黃帶更清楚了，由幼轉變成亞成之過程，很少有人能親眼目睹。出生時有黑過眼線，黑頭央帶，兩旁淡白，等頭中央黃帶長出，蛋黃眼周亦長，將來頭央黃與眼周黃白間之暗黑漸漸形成，正好是明暗對調，成鳥之頭型圖案設計漸形成，覆羽蓋住背上，有黃色V型，開口向前，漸漸明顯，會長到接近背尾區。V型與胸下之半圓圍兜連接，母鳥公鳥各有不同之色調，但那是在已可分出性別之亞成鳥階段，而羽翅之成長會將體側黑線漸漸遮掩，長得好的幼鳥，約三週大便可全蓋住矣。再來有的已能小飛跳，離地幾十公分，此即蠢蠢欲飛，尾羽亦漸長大，而像針之尖，前黑後白，一絲絲成一小撮的絨毛如帶，長在每根尾

羽之後，將來會漸漸掉落，這就是由幼鳥轉成亞成，由行
而飛的羽翅進度表，很奇妙。

🕚 11:07

小嘉冬兩翅一直微張著，讓背脊做紫外線浴。陽光被雲遮
住，中陰程度，但連著幾天冷、雨，今天算是暖些，馬馬
虎虎的天氣。

🕚 11:20

小嘉冬睡覺時會右腳縮收起，金雞獨立，頭向後轉，嘴插
入右肩胛處，眼半睜半閉，這招我取名為左腳右翼，「左
F（foot）右W（wing）」。有時則會換右腳立，頭向左後轉，
嘴插入左肩羽，成「右F左W」。打瞌睡時，不小心腿突
彎折一下，有如站不穩，會把自己弄醒了，可能是爸爸不
在身旁睡不安穩，右腳拉伸再縮收時抖抖，抖個幾次，再

來個左腳左翼派（左 F 左 W），已經表演過的有左腳右翼派（左 F 右 W）、右腳左翼派（右 F 左 W），今天這第三種形式也表演了，還有一種右腳金雞獨立，頭向右後轉之右腳右翼派（右 F 右 W）尚未出現。

🕐 16:20

帶小嘉冬回去，沿途依舊哭，但 ju 聲已漸少，慢慢轉改成ㄅㄧ ㄅㄧ 的聲音，或許是長大變調之聲。

夜，已連續四天未聽到情歌了，彩鷸美女們去哪兒呢？

小嘉冬看世界

上午入田，和風送爽，氣溫適中。我在西島繞著吃，想在旁邊洗個澡，可怕的棕背伯勞靜悄悄地飛掠而過，三隻小白鷺在遠處「啊－啊－」追打著，烏秋兩隻在飛嬉逐玩，今天可熱鬧了。不管了，澡不洗難過，洗吧，頭入，尾搖，一、二、三、四，換個地點，走到最西南角，水較深，頭對著竹竿，洗吧，頭入水，尾搖，一、二、三、四、五，翅拍拍，頭入水，尾搖，一、二、三、四、五，這樣反覆來個十多回合，全身溼透了，涼透了。起身用力揮扇翅膀，跳一跳，開始梳毛，不要站在露天處，到水丁香和禾稗森林中比較安全，可以慢慢梳，敵人看不到。

想睡一會，右腳縮收起，金雞獨立，頭向右後轉，嘴插入右肩胛處，眼半睜半閉。不久轉身換方向，展伸右翅，拉伸左腳，縮收一下，抖一抖，抖好幾次，縮收起，單腳獨立，頭向左後轉，嘴插入左肩羽，覺不安心，走入林中，蹲下。這樣也不行，身子轉一轉，找不到舒服的姿勢和角度，真麻煩！還是站著好了，用右腳站著睡。

有時打瞌睡，不小心腿突彎折一下，沒站穩就把自己弄醒

了，唉，爸爸不在身邊，又無兄姊為伴，就是睡不安穩，傷腦筋。一下子就到了中午，該回去了，今天上午我吃得較少，休息比較多，在車上我哭鳴兩回合，但沒有從頭哭到尾。

＊＊＊

下午課，入田，吃。

在西南角落洗澡，跟早上同一澡堂。由於東北方不遠處有菜農活動，我提高警覺，小心留意。頭入，尾入，翅拍拍，幾個大回合，便浮在水上不動。再大回合一趟，又伏著不動，共洗了五大回合，全身溼透了。起身後全身濕答答，揮翅，跳跳，抖抖甩甩，到西島西岸梳毛，這下可得大費周章梳整了。洗得很功夫，梳整也得很功夫，不整到乾乾淨淨、光鮮亮麗是不行的。

小鬼們又來溝邊抓蝦吵鬧，我只好穿林到島的另側再續梳，每一個部位都須梳整得清清潔潔，不管是胸毛、背羽、翼之內側、尾羽、腹下。過一會兒小鬼們又走過來了，竟然還想覷覰我這邊，昨已被阿猛勸導過，今日又來纏，有人在種菜是無心吵我，小鬼卻為抓蝦肆無忌憚，甚至昨天看到我被嚇得驚恐，竟大樂想抓我，人性之易偏，從小就這樣？還是獵殺 DNA 使然？

我又想吃東西了，但小女孩在東邊菜園溝邊叫著，我不得不藏身，白頭翁卻ㄐㄧ　ㄍㄨ　ㄉㄨ一叫了起來，他們是同情我呢？還是嘲笑我呢？還是向人抗議呢？小女孩仍不停地唱、

叫，她們的歡愉卻讓我得「忍飢受餓」，好自私啊！一隻小白鷺飛下，又一隻飛過來，另一隻也飛來，後兩隻卻一一被趕飛了，啊！地盤之爭。吵鬧一陣後，終於第一隻也飛走了，我想溜出來吃，但小女孩更近、更吵了，沒辦法只好再進入林中躲。到底要吵到何時呢？這兩天下午連連有人來吵吵鬧鬧，真慘！

唉，等了好一會兒，終於走了，拜託可以不要再來亂了。我往東吃去，吃到北島草林中。那一對夫婦又現身於東邊採摘玉米，我快走回西島西去了。直到他們越行越遠，我才敢出來吃，這是天黑前最後機會，下午被干擾得太厲害，今天吃得太少了。

回程在車上我又哭了，哭啊哭，好想家人啊。

阿 猛 日 誌

1999／11／7（日），晴，午後陰。

67 公克，增重 3 公克。

早上魏醫師去當領隊解說「賞鳥行」，下午又有事，故延至 15:20，才帶小嘉冬進行野外課。

🕐 **16:45**

天色已黑蚊子多，不斷圍繞感到困擾，只輕撥揮之。

🕐 **17:30**

帶小嘉冬先回家，在紙箱內哭了一會兒，是「Ju－Ju－」最早期常哭的聲調。

🕐 **18:30**

小嘉冬哭完後蹲伏下來休息，沒多久走到蟲與螺之盤處吃東西。

🕐 **21:00**

魏醫師來，將小嘉冬帶回動物醫院。

小嘉冬看世界

　　不知怎麼搞的，沒能像往常出去看看天空，阿猛一接手，我焦躁地在紙箱中威嚇抗議。直到下午才入田，距離上次已超過24小時，第一件事便是到西南隅洗澡，簡單沖個幾回合，起身後大翅揮揮，走到西島東岸開始梳毛，現在只要一天不洗澡就難過。

　　高空有鳥飛鳴過，抬頭望是一群金斑鴴，好美、好瀟灑、好自由，不由得有些羨慕。

　　開始吃黃昏前大餐，右翼有兩個大黃斑出現了，在肩後斜下處。吃完就想睡，這次來個「雙腳左翼派」，哎，可是也沒真正睡著，最近老是在西島附近繞，能吃的也都吃光了，動一動往東走到中島東去吧，可是好猶豫，想想又走回西島，膽子又變小了。

　　往南緣水區走，吃到南島南，這邊水域內尚有名堂，唯有東區水域尚未涉足，慢慢靠了過去，但還是好猶豫心怕怕，不敢再前進，不敢超越，折向北而去，到了北島最東。我看看周遭一切平靜，於是揮翅再往東走，到了離東北角只剩幾步，再幾步，就快到了，哇，破紀錄了。揮翅三下，感到勇氣十足，

繼續再向東，終於走到最東緣，又創記錄了！

　　吃了幾口，眼角卻瞄到阿猛身影，我們瞬間三目交接，雖然他動也不動只是安詳看著我，但不知是本能還是膽怯，我隨即回頭快走，到了北島東沿北緣，北島之北吃向西，走回頭路。

阿 猛 日 誌

1999／11／8（一），陰，毛雨，冷風，節氣立冬。

74公克，增重7公克。昨夜有小雨，晨山風冷，天氣又轉壞。

🕙 **10:00**

雨越下越穩了，這種鋒面帶來的雨，在宜蘭的秋冬是常態。

🕙 **10:20**

帶小嘉冬入田，在路上仍哭，「ㄅㄧˊ ˙ㄧ ㄧ ㄅㄧˊ ˙ㄧ
ㄧ 」聲調。

🕙 **11:00**

Fly Kite 叫放鷹，Walk Dog 叫走狗，我這樣每天帶著小嘉
冬 Wade Painted Snipe 叫溜彩鷸嗎？看牠飛羽拉伸，將腿
伸出去，可見到初級飛羽的翼下覆羽羽根、羽軸，但羽枝
尚未長好。

1.5 公分的金寶螺是小嘉冬吞食的上限。

16:00

回去了，怕太晚太冷，得讓小嘉冬一步步慢慢適應，不能著急。

16:20

小嘉冬今天開始在家裡過夜，安置在三樓書房，不用再考慮去溪南羅東鎮魏醫師家，免了來回奔波之累。

18:00

秤重為 70 公克。

22:00

餵食維他命 C 一滴，把麵包蟲 70 條、螺鋪一層，秤重仍為 70 公克。

小嘉冬看世界

　　還在下雨，但不管了，還是到西島西先洗個澡再說，現在一天不洗澡都不行，羽毛一直在長，時時刻刻都得梳理漂漂亮亮，服裝儀容整好後，就去吃飯了！我先往西南角，而後東，再往東北，邊走邊揮翅、跳跳，舒展筋骨，一改在屋內紙箱中的死酸相，來到野外就是活力充沛（energetic），因為我是 wildlife，只有在自然野生的環境中才能活得有意義啊！

　　忽然在網南外邊之水草叢中，飛掠出白腹秧雞，動作之急之大，我驚慌得措手不及，連阿猛都嚇一跳，以為天敵來襲，大難臨頭，但幸好老天保佑，只是有驚無險，他很快就離開了。

　　雨變小了，一會兒後幾近於零，蟲聲唧唧，栗小鷺兄在田之西南端飛落，便在那兒縮頭縮腦，一派獨行俠之姿。我回到西島東緣，梳梳毛，把翼之內側拉一拉，展現「雙腳左翼派」準備睡覺，突然阿猛身影那處鈴鈴聲大作，嚇了我一大跳，趕緊張眼瞧瞧有什麼動靜，只見他從口袋裡拿出那個叫「手機」的東西看了看又放回去，四周並無其他異樣，於是換個「雙腳右翼派」繼續睡，但實在是不太安心了，眼睛閉了一下又

開張，睡意來襲又閉上眼，但沒多久又再張開，「站」立難安。

黃尾鴝現身，仔細一看是黃尾鴝母鳥，但很快又飛走了。啊，何時才能睡得安穩呀！

＊＊＊

下午再度下田。細雨濛濛，工廠東邊忽然有人在割草，吵死了，害我又不敢出去。哎，羽毛有點濕，不如趁機梳梳也好，腳翅伸展，抓抓癢，胸部白毛梳一梳，每次被雨淋就得梳毛，我喜歡保持乾淨清爽。

吵雜聲消失了，我再度去覓食，吞了一顆長型本土螺卻卡住，要命喔，嘴拼命張開，不停抖、振，好懊惱就是吞不下去，用右腳抓又抓不到，沒聽說過野鳥吃東西被噎死吧？我可不要破紀錄，用力半甩半吞，使盡力氣，哇，哇，哇，吞下去了，幸好終於解決，好險！但是羽毛又淋濕了，甩甩抖抖吧，再來梳一梳。

吃到南島之東後，又折回西島，拉梳尾羽，雖然沒有每一根都拉，但單就某一根，就必須由前端推梳到後端。翅抖一抖，拉張開放腋下，梳胸毛時脖子伸長，嘴尖向下，往上提梳，梳到近右脖子與肩相接處。揮揮翅，三、四下，尾搖一搖，準備出巡找吃的囉，眼看雨快停了，下午稍涼一些。

「唧唧－唧唧－」魚狗現身了，以 F16 戰鬥機的身手，來

無影、去無蹤。雨一停，烏秋鳴笛，白頭翁唱，我在中島處得稍留意點，遠處小環頸鴴也降臨泥沼地上，鳥況熱絡起來。我往東去，沿網子由北向南走吃，東水域毫無掩蔽，我竟吃到忘敵完全不知身在險境，直到踩空跌了一跤，才發現原來是大水洞，尾羽腹羽都濕了，停住。向來安靜的阿猛突然動了一下，是在提醒要保持警覺，快點離開空曠處嗎？我瞬間回過神來，趕緊往回走，回到西島，梳梳羽，再續吃。

今天有點不一樣，沒有回到魏醫師家，阿猛帶我回他家，他説在深溝是有稻有田的鄉下。趁阿猛還在整頓打理，我只能乖乖在紙箱中蹲伏休息，吃一些阿猛準備的蟲、水，沒辦法空間實在太小了，結果水盆被我弄得髒兮兮的。

到了晚上，阿猛總算換好新床單，喔耶，我有新地鋪了。

阿 猛 日 誌

1999／11／9（二），陰，有涼風。

19.5℃（9:50）。72 公克（8:30）。昨夜 22:00，70 公克，今晨 4:10，74 公克。半夜到凌晨，小嘉冬吃了不少蟲，螺吃得少，都掉出來？是挑？或因容器裝時之方法稍有變異，吞嚥尚未能適應？等於這一天體重未增。20.5℃（11:20）。

🕐 **11:50**
有點擔心，不知道怎麼回事？小嘉冬今天吃得很少，一個多小時未進食。

🕐 **12:00**
秤重，73 公克。

🕐 **14:45**
意外來了隻野狗，我趕緊將其驅離，曾有紅冠雞亞成被野狗圍攻終不敵，亦有白面亞成被野狗咬死在埂下的例子，對小嘉冬來說太危險了。

🕐 **15:18**

做了測量，螺長為 1.8 公分約 1 公克，螺長為 1.4 公分約 0.5 公克，螺長為 0.8 公分約 0.1 公克。對螺的大小與重量之關係有個概念。

🕐 **15:50**

深溝國小的下課鐘聲響傳，學生們打掃完就要回家了。一天的課業結束了，好好。小嘉冬挺拔時看起來長很高了，但縮脖子時像駝背就變得很矮。

🕐 **16:00**

今夜會更冷，風變強了。早點回去吧。

🕐 **16:30**

秤重 74 公克。

🕐 **22:40**

秤重 76 公克，蟲吃掉 30 條，也吃了一些螺。

小嘉冬看世界

　　入田第一件事不是吃，而是先揮翅、跳、梳毛，再揮翅，跳。飛羽已長，每天都得練習揮展、扇風，鍛鍊肌肉，學習技巧。

　　小白鷺「啊－」飛來兩次，讓我嚴陣以待，飛走了才開始吃。在中島，又揮翅、跳了三次。經常在西島之東梳妝打扮，對於服裝儀容我是很講究的。繼續吃，邊揮邊跳三次，小白鷺再次從西方飛來，我快快跑入西島伏下，北邊也有小白鷺「啊－」飛來，我立刻轉頭全神戒備，沒想到後來的居然把先來的打跑了，小白鷺們老是在吵架爭地盤，搞得我心惶惶不安。我只好揮揮翅，跳一跳，再走回去梳妝了。

　　烏秋相互追打，從阿猛面前低空掠過，連阿猛都嚇到了，一隻逃掉，另隻則飛臨於西南方不遠的竹叢梢上觀望，有時白鳥，有時黑鳥，令我心怕怕，真煩啊，黑白不分皆兇悍，好驚啊！

　　東菜園女主人到，我跑回西島梳毛，一棕紅影飛來，在西方由北朝南掠過，還「ㄍㄨㄍㄨ」鳴飛，原來是栗小鷺帥哥。

　　不管了，我想休息睡覺了，先以「左腳右翼派」，一會兒又換「雙腳左翼派」，「唧唧－」魚狗飛來巡繞半圈，降在

一孤枝上，小白鷺也現身低飛而過，啊，這樣怎麼睡得著呀，我換成「右翼派」，又再換成「左翼派」，只要有一點風吹草動都得小心提防，於是又右左換來換去，大部分是左腳獨立胸向東，坐在南邊竹林下的阿猛就變成在我的右邊，瞄了他一眼發現好像在畫我。嗯，繼續保持警戒吧，眼睛一開一閉，一閉一開……。

醒來，張開腋下舒展，梳個毛。但還是好想睡，風涼涼的，展開「左腳右翼派」。突然來了隻蒼鷺，飛臨在田的最北緣，這麼大的身影把我給嚇醒了，哎呀不得了，伸長脖子緊張得不敢亂動，直到他飛走才轉身急忙溜進林中。潛伏好一會兒才又到外面斥候斥候，風吹得涼涼地，右腳放下伸出，抖一抖，毛梳一下再睡。今天從入田起，不知怎麼沒什麼食慾，就是很想休息。

* * *

下午入田時忽下雨，有點大，但只有一下下，就變小雨滴了，風仍涼，我揮翅、跳，再開始吃。忽有野狗由東埂自北而南跑來，來不及隱藏我就地伏在水面上，動也不敢動，幸

好阿猛很快就將野狗趕走，不然真不知下場會如何。

　　走到南島之北洗澡，又泡又洗，洗了好幾回合，過癮啊，小白鷺飛鳴「啊一」掠下，我急忙停住，觀望周遭變化，發現無異樣趕緊起身揮翅，快走回西島定點梳毛。揮翅跳跳再梳毛，水田水少了，浮出的泥沼面積變大了。我下午花了很大功夫梳理，尾羽一根根由前往後梳，尤其是外側的，梳得很仔細。飛羽梳，肩羽梳，覆羽梳，胸下梳，腹下用下俯倒轉頭之式梳，我柔軟度挺好的，梳功就是得靠這法門。

　　一群斑文鳥飛鳴至附近，數十個小黑點凌空過，我靜靜聽著，續梳。「ㄆㄧㄡ，ㄆㄧㄡ，ㄆㄧㄡ」青足鷸流浪者之歌遠傳而來，雨已停，風仍涼冷。小白鷺「啊一」由北飛近，有如突襲而來，嚇得我躲入林內，三隻白頭翁「ㄐㄧ」亦由北而南飛過。

　　棕背伯勞居然叫出如竹雞的聲音「ㄐㄧ　ㄍㄡˇ　ㄍㄨㄞ 一一」一段，太厲害了，之後又換「ㄍㄚˊ　ㄍㄚˊ　ㄍㄚˊ」「ㄍㄧ ㄌㄧㄡ，ㄍㄧ　ㄌㄧㄡ，ㄍㄧ　ㄌㄧㄡ」。小白鷺悄悄飛來一隻在西邊正準備覓食，北邊也來一隻幾乎貼地低掠而來，大聲「啊一」將剛來的那隻趕跑了，他們好獨占自私喔。我潛入林中，壓低身子，注意動靜時，順便再梳梳毛，飛羽的覆羽也拉一拉，轉轉身，張張腋，再來要做什麼好呢？傻站著正對阿猛，不知道他在想什麼呢？他會知道我在想什麼嗎？

阿 猛 日 誌

1999／11／10（三），晴，多雲。

8:00

秤重 80 公克，又增重了。需另覓棲地了，因陳老師此田另有用途，今天是在陳南垗田的最後一天，陳老師願借北垗田為新天地之用。到協松路另探勘有無適合野放之田，並與五結國小伍老師聯絡，約下週一 10:30 見面。

13:20

秤重 80 公克。

14:05

今天是週三，學校下午沒課，又有學生跑來網邊想撈魚。唉，從小虐生為樂，是該有的成長教育嗎？不想讓他們影響到小嘉冬，我只好出聲嚇阻。

🕐 15:40

準備回去了，拆網收齊，明天準備搬家。

🕐 16:40

秤重，78 公克。

🕐 23:00

秤重，82 公克。

今夜，星光皎潔，飛馬座騰空，夜深了，冬天六邊形已到齊：獵戶、天狼、小犬、雙子、御夫、金牛。祈求美麗的星空給眾生帶來美麗的一夜。

小嘉冬看世界

　　上午沒出來悶得慌，一入田先揮翅，跳一跳，梳梳毛，餓了就吃，家中盒內的螺我吃得少。走到西島去梳毛，尾羽、覆羽、飛羽，還有胸、背處處都得梳。嘴沾水來梳，水田的水被放掉少了很多，想洗個澡都難，只能將就點用嘴沾水梳洗毛，因為這是時時要做好的工作，否則毛髮不會漂亮，飛行也會受影響，儘管我現在還不會飛，但總有一天。

　　期待啊！何時能飛呢？何時才能自由飛行，天空任我翱翔呢？

　　小鬼們又來鬧場，一來就是七個，一會兒走掉三個還留下四個，居然還想到網邊撈魚，阿猛又不得不出面了。

　　黃尾鴝公鳥現身於芭樂樹梢，飛向東，立於竹竿籬竿頂上，美極了。我以「右腳左翼派」立於北島偏東兩水丁香之間，形影透空，被阿猛看見不打緊，無礙，但之前小鬼們還在時，我絕對是深藏著。下午胃口總是比較小，還不太想吃，瞄阿猛一眼，發現他又在動筆畫我了。遠處有中白鷺和 3 隻小白鷺，其他兩小對打起來，輸的那隻竟被壓在底下，贏的用嘴啄之，真是「欺鳥太甚」，被打的那隻身形最瘦小，中白鷺則一旁冷眼旁觀，小白鷺相互打來打去，搶食地盤，其中一隻還穿

飾羽簑。

　我繼續休息，輪流各種 FW 派，沒多久東菜園一家人到，我趕緊躲到北島最高大的水丁香下水草中蹲伏著，安全第一啊，沒有什麼食慾，偶而梳一下毛，抓抓癢。還是蹲在草叢中打盹好，行蹤又不易外露，連阿猛都以為我不在這裡，緊張得東張西望尋找。我注意到網南有我族兩枚羽毛及腳印，可見曾有同胞來此拜訪，可惜沒見到面。

　阿猛下田來，準備要回去了，這麼早，跟以往不太一樣。咦，阿猛今天好奇怪，為什麼要拆網子呢？

阿 猛 日 誌

1999／11／11（四），晴。

利用早晨下去陳老師的北坔田整地，架圍網，有彩鷸公鳥
飛出，可見是好地方，好風水。

🕐 8:30
秤重，85 公克。

🕐 11:15
小嘉冬兩翅微微張開抖動，如發抖狀，估計 S.H.M（簡諧
運動）之 f（頻率）=5 ～ 6r.p.s（次／秒）

🕐 11:56
飛車小子，三人騎一輛摩托車，吆喝呼嘯飛馳急超，表示
比小貨車更快，台灣人喜歡在路上賽車，似已成一種文
化？

小嘉冬看世界

入田，田地勢低。明白阿猛昨天為什麼要拆網，因為換了新野放地，這是我的第三所學校，馬路就在田之南側，阿猛只能待在車裡透過車窗往下監視田中動靜。此路人車算少，干擾尚可忍耐。我先伏住不動，等阿猛入車後，開始走吃一會兒便入水洗澡。

大太陽下，洗涼涼，過過癮。該田有水道數條，水區深淺不一，比之前那塊田看來更佳。揮翅再洗澡，洗完梳毛，感覺翼下覆羽生長較差，翼下羽枝紅肉無覆蓋。

再洗澡，梳毛，晒日。

我的肩背覆羽不夠密，且飛羽之大覆羽未長好，當我兩翅稍放下半張時，裸肉會外露，彷彿毛未長滿，在換毛脫毛。

蹲伏下來，咬咬草枝、草根，鑽土，又可晒秋日，人怕烈陽當空，稱之秋老虎，我可不怕啊。日光浴好棒，溫暖太陽好棒。我就是要晒太陽，偶爾站起來動一動、轉轉身，打直上拉展翅一下，伸個腰再蹲伏下去。翅微張讓皮肉也可以晒晒，我是不怕日晒雨淋風吹的。站起來再梳毛，兩翅微開並抖動著，像發

抖一樣，再蹲伏下來，咬咬東邊之草枝，到底是在仿效爸爸練習孵蛋技巧？還是學習媽媽的動作咬草枝葉？我也不知。

有兩輛自行車經過，我鑽入草叢中，再走回到草叢西緣伏下，叢林位於田網中之西南區，我在陳老師南坔田中有十三天，是避敵習慣一時改不過來嗎？或只是隨機應變而已？斑文鳥零星飛在禾秭間，褐頭鷦鶯則鳴唱「噠─」。我仍是在水丁香中稍東一株下，可輕鬆避敵。

深溝國小鐘響，放學了，回家了。

＊ ＊ ＊

新學校第一天的下午課由東島入，我躲在水草後，沿其北之水道向西行，吃一下子後轉北到另一水道。忍不住想洗澡的衝動隨即入水，只浮出上半身泡啊泡，頭入、尾入、翅拍，洗全套的，站起來換一下位置再洗，揮翅、跳、梳毛，走到西南端續梳，好好妝扮一番。今天來到新天地，水夠多洗了兩次。泡泡樂，晒日樂，自得其樂。

北方飛來大群麻雀數百隻，我看得目瞪口呆，他們降落在

田菁林，整區嬉遊，我則在西南端。之後走到東島北休息，這個位置有隱蔽，雖非水丁香林，但莎草科長得又粗又壯，大群斑文鳥也飛到近處覓食。

　我吃到西北隅，順時針巡繞著走吃，斜陽漸近黃昏，有殘光夕照感，夕陽無限好，真的嗎？以「左翼派」打盹，一隻黑狗從路上由西向東跑過，我被驚醒隨即嚴陣以待，等他跑遠後，我又睡了。

阿 猛 日 誌

1999／11／12 日（五），陰曆十五，陰，無風。

8:30
秤重，88 公克。

9:37
新田圍網不高，兩尺多，跟魏醫師商量討論過，得等到小嘉冬能飛時才能野放，讓牠自由。

10:00
小嘉冬的初級飛羽是由內往外編號，內的長得較好，外的發育較慢，如此依序，一旦最外羽的羽枝皆長好，便是大功告成，飛向未來之日矣。

10:27
這塊田稱為垚田，因為水多土軟，不適合耕作，但正合小嘉冬「軟土深掘」的食性，水草相又豐富，食物網健全，

「水、食物、隱蔽、空間」四要素俱足，好棲地也。水草相如水稻、禾稗、莎草、蘆竹、田菁、水蠟燭、水丁香、水莞、巴拉草、睫穗蓼、火炭母草、鼠麴、咸豐草、密穗桔梗、翼莖闊苞菊、藿香薊、粉綠狐尾藻……。

⏱ **10:45**

小嘉冬胸圍兜仍很淡，推斷約快滿月了。

⏱ **11:05**

天色驟變，帶小嘉冬回去吧，以免屆時傾盆大雨。
下午，為了找野放田，到東西 21 路探虛實。西段有塊田，去年此時有十多隻在此聚，或許是過冬，可為首選之地，且除東端竹圍老農舍，整段皆田，人煙稀少，好棲地也，數數田中彩鷸有 24 隻，分幾小群，累加起來正好有母 12 隻公 12 隻，好巧。

⏱ **23:00**

秤重，90 公克。

小嘉冬看世界

入田先站立觀望四周，我另有想法。

已是第三次入此田，分別從三個不同點進入，阿猛可能要我適應各種不同情境吧，我吃吃便揮翅跳跳，不明所以的技癢欲動越來越強烈，一直想張翅揮扇，尾巴上下搖個不停，是緊張？還是想飛呢？我開始敢在網邊走，西邊走，北邊走，再到東邊走，邊走邊吃繞圈子，一方面想離遠，一方面找出口。

走到東南角，沾水梳毛，今天比較浮躁，一直未能靜下心來洗澡，靠近網邊來回走，網外的世界很吸引我，但很無奈過不去。

東菜園一家六口人來了，我留意了一下，還算遠不用怕，看著辦便行，一大群斑文鳥來了，輕唱不停，牠們常在附近用餐，休耕水田有禾稈，這裡就像是牠們的地盤。四隻麻雀橫衝直撞，吃得厲害，也在馬路上玩，還飛過阿猛車旁，牠們活潑好動常在馬路上發生意外，都怪這些「人形」動物太愛開快車了！

吃吃停停，梳梳毛，搖搖尾，烏秋無聲無息低空從頭上掠

過驚嚇到我，雖有些驚魂未定，但仍繼續從西南區吃到東南區，吃飽梳毛，今早還沒有洗澡呢，只用嘴沾水來梳。在島上想休息睡了，以「左足派」右足縮起，拉在尾旁，抖一抖、振一振，再縮起來，用左足站著。

天氣陰暗，風起稍有涼意，不再覺得悶。用嘴入右翼側拉尾羽，順勢「右足右翼派」，打個盹吧！沒想到風勢開始轉強，陣陣襲來，感受到「呼」聲，是東邊過來的海風，茭白筍的長葉、草枝皆向西彎腰，似有海雨欲來之勢。果然沒多久小水滴落下，百隻麻雀飛起，吱吱喳喳，一轟而散。鋒面來臨，老天變臉其快無比。

大雨來襲，只好回去。

下午陰雨，阿猛不知去了哪裡，留我一鳥待在家裡。

阿猛日誌

1999／11／13 日（六），陰。

🕐 **8:40**

90 公克。

🕐 **9:35**

小嘉冬揮翅練起飛，大約有 10 公分高。

🕐 **11:40**

網濾泥中物，想瞭解小嘉冬的菜單，泥中有燒酒螺，無脊椎部分得需要顯微鏡觀看，我量了泥上的腳印，中趾 4.5 公分，外趾 3.5 公分，內趾 2.9 公分，足跡真漂亮，重重疊疊，深深淺淺，虛虛實實，左左右右，多美的大地圖案。

🕐 **15:30**

秤重，88 公克。

🕐 **16:47**

小嘉冬沒去覓食拼命咬草，死命地咬，固執模樣真可愛，本性真是太頑皮好玩了。我看著忍不住笑了。

🕐 **17:20**

秤重，87 公克。

小嘉冬看世界

入田先吃一點，毛梳一梳，然後到東北水域洗起澡來，洗數個大回合而已。今天不敢放膽盡情洗，有水可洗已經很不賴了，但梳毛則需認真好好做，不能急，光鮮亮麗是靠真功夫換來的。

揮翅，練起飛，稍有高度了。微風涼舒，我在東南隅沿網邊走吃，雲中透漫出光彩，日頭要破雲而出了，果然天氣稍微好轉。沿東線走，吃到東北角水域想出去，但出不去，心一急就哭了：「爸爸，你在何方啊？我們這一生是不是永遠不會再見了呢？」

從小就成了棄兒、孤兒，竟然被「人形」動物養大，成了他們的兒女，越想越難過。

我順時鐘繞了一圈吃到西南隅，再回東南角落。太陽穿雲而出，大地為之一亮，暖和多了，在日光下梳毛做日光浴，讓羽根外露點，晒曝一下。沒多久累了就休息吧，打個盹，「左F左W派」。突然阿猛身影處發出「鈴」的聲音，把我嚇醒了。

斑文鳥群又在旁邊歡唱，吃得好高興，禾稑天地是牠們的最愛，看牠們如此自由自在，我好生羨慕，得等到何時才能自由飛翔呢？唉，再巡走吃喝吧，泥土中、草根處，皆是我

鑽探點，在東南隅走一回，換中東水道東端，又走向南，再走上島去，沿岸邊挖。阿猛好像很好奇我在挖什麼，一直看。

＊＊＊

下午入田，於東北水域莎草之北洗個涼水澡，洗澡令我愉悅暢快，揮翅、跳跳、梳毛，全身濕透，全身舒透。梳妝完畢開始吃東西，發現自己越來越喜歡揮翅，練習起飛。

黑狗在路上現身，我緊急低伏下來凍住，真是嚇死了。小白鷺也從空中低飛掠過，我急忙蹲下來，斜仰頭向上警戒注視。哎，乾脆躲入中東島，避避風險兼休息也好。原本離開的黑狗又跑回來，我伸直脖子更緊張了，那傢伙體型比鳥大多了，我好怕。

不遠處棕沙燕單飛，與我同憐，孤單啊。

有人路過，我又得蹲伏下來，轉頭鑽過莎草硬莖，哎呀，急中有亂竟卡住，費了九牛二虎之力終於擠過去，在水草中伏著不動，任誰也不知我了吧，可是好像騙不了阿猛，他的眼神緊盯著我，還邊看手錶邊寫東西。過了好一陣子，感覺安靜了，我起身走出來，尾巴搖啊搖，眼看天已漸昏暗，得快點下水去用餐，餓肚子可不好受。

鶊鶯竟然飛入網中棲於水草上，拖著長尾晃啊晃，笨飛，但很可愛。感覺有飽意不想覓食了，我就去咬莎草下的草枝，咬拉得很起勁，不吃東西卻拼命咬草，也不知是怎樣。直到紅隼飛過，小鳥們驚飛逃竄，我才趕快躲藏。可怕啊！

阿 猛 日 誌

1999／11／14 日（日），晴。

8:30

秤重，90 公克。

9:10

小嘉冬突然威嚇（defensive display）於水面上，幸好出門前帶了 400mm canon 望遠鏡頭，雖然待在車子裡，我還是拍到了不少紀念性相片。小嘉冬真帥啊！

雖然尚未出門前在紙箱內還是會哭，出發或返家途中也是，畢竟還是幼鳥。

9:21

突然出現一蛇，小嘉冬被驚嚇，我快奔下田，蛇溜了。

⏱ **10:30**

提早帶小嘉冬離去。魏醫師專程探望，欣慰小嘉冬長大變漂亮。

⏱ **10:50**

帶小嘉冬回。今早蛇就在離小嘉冬不到 3 米處，雖然是網外，可把我嚇出一身冷汗。蛇是彩鷸最可怕的天敵之一，神出鬼沒，水中、陸地皆在行，看似遠，但一擊便可咬定。由於生態失衡，蛙少了，蛇便去吃更多的鳥蛋。當然蛙被吃時也是很可憐的，小時候在鄉間曾親耳聞悲聲，親眼見慘景，蛙鳴一聲是被蛇咬住時，這個慘景永遠深刻在腦海裡。

彩鷸無攻擊能力，不如紅冠成鳥敢與巨大南蛇周旋，過去曾目睹中蛇遭紅冠追殺之事，棕背伯勞也曾夾走彩鷸幼鳥，彩鷸成鳥則被隼科殺害，生物界的弱肉強食是很殘酷的。

小嘉冬看世界

灰鵒鴒也入我田找吃的。

走到中北水域，揮翅跳跳，欲飛的練習。在廣大水域的開放空間，我忽對阿猛方向做 defensive display ，卻被他拍下來了。心想得多吃點東西快長大，到處吃走時忽覺有異，我非常緊張，伸直脖子瞪大眼，阿猛立覺危機就在眼前，網外有蛇！飛快奔下田，蛇溜了。

咻，好險，幸好有阿猛。這真是我的天大危機，接下來得更加小心翼翼警戒。

烏秋飛過，我低伏下來，拉展右翅耍單刀，警戒威嚇，自我防衛。棕背嘎嘎叫，發威猛之聲，飛到東北不遠處之田菁上，仍不停地叫，我躲在網邊動也不敢動。過一會兒才走到東南島吃，再到中東區蹲伏做日光浴，讓背脊晒晒，後續再吃一點。之後有農民來巡田，黑狗巡埂，又上路來回走，真是片刻不得安寧。

回家途中，我又想哭了。換算成人形動物的年紀，我才剛滿月，雖然體型長大不少，但還是很小很小的小孩。想起今天發生的事，很少看見阿猛如此緊張，他幾乎是飛跳下田，那個叫蛇的東西應該很可怕吧？唉，我沒有爸爸在身邊，根本就沒有人教我怎麼避敵，只會豎直脖子窮緊張，就算心裡

十分恐懼，也只會靜待其變。

在田間的水鳥中，我們算是行動力最弱的，白面、紅冠雞都比我們能吃能跳，而且成鳥兇悍，敢與之對恃，我們的父親雖然極力想保護，但卻力不從心，無攻擊力，只有威嚇與逃亡一途，幼鳥若被相中，幾乎難逃一死，我若沒有阿猛保護，是不是早就葬身蛇腹了？

阿 猛 日 誌

1999／11／15 日（一），陰，北風大，後轉晴。

 8:00

秤重，95 公克。

上午依約到五結國小與伍老師見面。由國小正門之左手邊繞到後半皆為「黑藥水溝」，另四分之一為數塊田，設圍牆阻隔的另四分之一為車棚。故當初小嘉冬被置於容器內放在走廊上成棄兒，正如川端康成之小說《古都》之千重子，被置於都市富康人家門前。而雙胞胎苗子卻是在非常鄉下的出生地，從小做苦工長大，生活得很辛苦。奇妙的機緣最終見了面，共宿一夜後，各奔天涯。人各有命，命各有道。川端是諾貝爾文學獎 1968 年的得主，他的小說被拍成電影，由山口百惠主演千重子，情節感人，當年看電影時竟然流下男人淚。

小嘉冬看世界

下午入田，我立即揮翅練飛，走到中島北，下水痛痛快快洗個澡，洗了很多回合，起身後，躲隱於草後，梳毛。

過一會兒後才開始吃，先在東，再到東南區，又吃到西南區，高興就揮翅練飛，想飛躍卻升不了空。再梳毛，注意外界動靜，又吃吃。吃得差不多了，突然刮起大風，有陣子瞬間之強，呼呼吹得我毛直豎，快站不住了。曾短短暫停一下，隨即又再起，不過已經沒有先前強烈，吹得莎草朝南傾歪，欲倒不倒。

我乾脆就在西南島，草較短，伏下做日光浴，難得大太陽啊！雖已離黃昏不遠，但暖暖陽光晒著背脊很舒服。飛羽稍拉上離身留點空隙，皮肉也可透透氣。

晒了好久好久的日光浴，卻被飄來的烏雲打斷，陽光瞬隱天轉暗。自昨日有蛇現身後，感覺阿猛比我還緊張，原本老神在在坐著的他，眼神不停穿梭掃描網子四周，一遍又一遍。

有同族阿姨在田中區飛起，也有伯伯在附近現身，雖然離網子尚有一段距離，但我看見他們了，感受到親切溫暖，只是他們為什麼不走近一點來看看我呢？

阿 猛 日 誌

1999／11／16 日（二）陰。

🕐 **8:00**

秤重，96 公克。

🕐 **14:00**

秤重，98 公克。

🕐 **15:30**

準備帶小嘉冬回去，下田抓他時，居然張翅向我威嚇，表現出敵意，果然是長大了，再更兇悍一點吧！存活！

🕐 **16:00**

秤重，96 公克。

🕐 **23:00**

秤重，97 公克。

小嘉冬看世界

　　下午入田，我的第一動作就是練飛，沒想到翅一扇，身子竟然飄浮起來，我很清楚感覺到不是跳躍而是飛飄。拼命多扇幾次，越扇越起勁，真是太好了，我快要會飛了，身體飄起來、飛躍起來。

　　趕快洗個澡，又是一天了。今天可是無風無日，頭入、尾入，翅扇動、拍水，霹靂啪啦，水花四濺。轉個身再洗，一次又一次，一回又一回。洗完起立，甩抖全身，開始梳毛。準備吃食，沿中東路吃到東南區，再吃到西南島、中島，吃來吃去，反正吃就對了，沒事則扇扇，揮翅鼓翼，試飛嘛！

　　風停了，我在中島北打盹。沒多久阿猛居然下來了，我頭下尾上伏在岸邊，動也不動。阿猛知道我的習性，但還是得抓我回去，我突然張翅示威，表演全套的 defensive display。好神喔！會嚇人了！

阿 猛 日 誌

1999 ／ 11 ／ 17 日（三），陰。

🕐 7:00

秤重，100 公克。

上午到東西 21 西段那田，以單筒倍率 32x 檢錄彩鷸之群像，由近而遠，由南而北，依編號記下性別、成鳥、亞成之特徵。

1. 公，眼周微黃。
2. 母，臉紅，但羽色不很艷。
3-7. 5 隻皆為亞成，眼周灰黃，圍兜黑框未顯，有的色調較淡。
8-9. 母 x2，紅脖子，一較紅，一較淡。
10. 亞成，圍兜尚未分明，但色調現。
11-12. 公 x2，眼周黃。
13. 母，身紅，白肩羽外露。

14-15. 公 x2，眼周黃。

16. 亞成，圍兜色淡，眼周黃。

17-20. 公 x4，眼周黃。

21. 母，脖紅，口紅，白肩羽。

22-24. 母 x3，口紅，臉紅。

25. 公，眼周黃。

26. 母，口紅，脖紅。

27-28. 母 x2，口紅，脖紅。

29-30. 公 x2。

再從頭到尾數一遍，且母之數亦個別數，總數應是 32，即公 x13，母 x12，亞成 x7。

以亞成 5、6、7 來比較，亞成 5 圍兜輪廓色調較深，眼周也黃色顯，但嘴之長度皆不如成鳥，而圍兜之半圓環色調奶黃，成鳥則是白色。

母之臉，紅色有差異，有的很紅，有的則仍暗暗，口紅也有差異，可見嘴及口紅先紅，再來臉色。有兩母口紅同，但臉色差異大，故臉紅可視為母之成鳥標準也。

☼ **14:00**

秤重，99 公克。

🕐 14:40

小嘉冬入田試飛，飛起竟有 20 公分以上之高，見他揮翅，我有些提心吊膽，很怕就此「Gone with the Wind」凌空而起飛走了，已經幫他找好一塊田，還有 32 位家族同胞。

🕐 16:12

準備如往常帶小嘉冬回家，他出乎意料之外的飛起，我竟沒能一把抓住，但最後還是沒能逃離我的掌心，我可曾是田徑賽跳遠的金牌選手。回家途中，小嘉冬不停地哭，仍如一個月前的哭聲，不知道是哭著想找爸爸，還是覺得快重獲自由高興而哭？

🕐 17:00

秤重，100 公克。

🕐 23:00

秤重，100 公克。

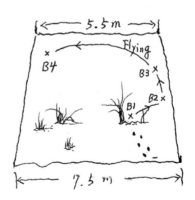

小嘉冬看世界

午後下田，先試飛，這已成我下田後的例行動作，感覺自己飛行有些起色，於是越揮越起勁。下午雖無陽光，但無風也不冷，洗澡洗得痛痛快快，好了便揮翅、跳跳、梳毛。

圍繞在西南隅和中島南附近吃食，卻看見菜園女主人和女兒們都來了，竟然從水溝中走到茭白筍田去，有一老阿嬤也下來還說：「用網子圍著幹嘛？」這一攪亂使我只得躲伏在莎草下不敢動，浪費了不少用餐時間。過了好一陣子這票人終於走了，我開始努力吃，吃到東南隅去，最後在中東島林中休息。

以前吃得差不多，阿猛要帶我回去時，他會一步步走過來，原本伏在林下的我就會往網邊跑，並拉張左翅耍單刀，用右眼斜看他。但這一回被我往北閃過，他竟然沒抓住，我溜到東北區網邊，他轉身走過來想再次嘗試，我奮力一飛而起，斜向拋射到西稍偏北一點點，正好落在西北角邊。阿猛大吃一驚，幾乎飛快火速，不顧一切衝過來，

我才剛落定，還來不及第二次起飛，他一個箭步，便將我
逮著了。

　　我這一飛，阿猛鐵定不會再讓我出來溜達了吧，怎麼辦？
好不容易可以飛得更高了，但這會不會是最後一次「半野放」
呢？在車上，我又哭了，哭得很傷心。

阿 猛 日 誌

1999／11／18日（四），雨，溫降。

🕖 7:40

秤重，102 公克。

早上幫小嘉冬換家，讓他能在 3 樓書房空中走道東端活動。此自成一個空間，東邊為落地窗，開門出去便是陽台，可賞龜山日出，夜觀星，聽蛙，聽彩鷸情歌。西為木板牆，高 1.2 米，南為書牆之東端。空中走道寬 75 公分，由西而東延伸 4 米，跨過樓梯間，使書房南面整個牆壁皆成為書櫥，充分利用空間。於是小鳥新家地板面積就有了長 1.8 米、寬 1.05 米的長方形。除安置小嘉冬食物外，還放了一個裝水的臉盆可以讓他洗澡。

🕗 8:38

到東西 21 路渡冬田做最後的探勘檢驗，確保明天能順利

野放小嘉冬回歸大自然。彩鷸在西田埂邊吃，離路近。無人來時，鳥常會邊吃邊走，不知不覺就吃到路邊攤來了。

🕘 9:17
鳥兒群體在一起是集體之安全感，但彼此間仍有爭吵，有時母逐公，有時公逐母，又似嬉鬧，然總在田中，且吃東西時猶在小範圍內一大群聚。

🕘 9:43
雨穩穩地下著，鳥兒們在雨中更顯慵懶，縮著脖子讓雨淋，在雨中靜養或打盹，有的則慢條斯理地找東西吃。翻耕過的冬田，高低不平土丘，泥沼和水，這是人力推車（三腳仔）打田的，土丘上或水道中長出的禾稗或再生稻越來越高茂，遮蔽效果好。不管風吹日晒雨淋，都更有屏障，欲

窺探更難，除非用雙筒望遠鏡或單筒望遠鏡，否則要找出彩鷸隱身處是很不容易的。

🕑 14:00

將母亞成鳥標本放進小嘉冬房間，希望他能藉此認識同類，此鳥為 1996 年 7 月 5 日於員山北七路車禍死亡，經**魏醫師**製成標本。

🕑 22:00

秤重，101 公克。

一個月過去了，小嘉冬來到我們身邊，越來越活躍，明天將是特別的日子，**魏醫師**也會來跟他送行。

小嘉冬看世界

　　下午，阿猛來整理我的房間，我本能對他 display。阿猛放了一個跟我長得很像的同胞在桌上，是要我跟他做朋友嗎？但牠卻動也不動也不會講話，真不知道是什麼意思。

　　到了晚上，阿猛又來了，我展現 display 給他一點顏色看看，還朝他發出顫喉「ㄏㄠˋ ㄏㄠˋ」的咆哮，我生氣了，阿猛驚訝，看著我時的眼神跟以往不太一樣，有種奇怪的感覺，我說不上來，好像要發生什麼事。

阿 猛 日 誌

1999／11／19 日（五）晴。

7:00

秤重，102 公克。小嘉冬的尾羽只剩右外兩枚有絨毛兩撮。
今天是小嘉冬回歸大自然尋找同類作伴的日子，老天幫
忙，是大晴天。

7:20

離出發尚有一個小時，我還想觀察小嘉冬的動靜，躲在隔
板後，用反射定律窺探鏡中動態，來推斷牠的動作意涵。

8:30

出發了，目的地是特別尋妥好的休耕田，即彩鷸的度冬社
區。在車上，小嘉冬哭了，跟以前的哭聲一樣，是童音，
都已經一個多月大了，還是這麼愛哭，竟一直哭不停。

8:45

在魏醫師的見證下，捧住小嘉冬鬆手放入新的休耕水田，

從當初的 22 公克到今天的 102 公克，突然心酸。

9:00

小嘉冬眼周下後緣之黑框線向後向下彎，這叫哭痕吧，眼
周仍黃灰，土黃色調仍淡，眼周後黑線緣尚有絨毛，這就
成了辨認的標記。

9:15

使用倍率 40x － 20x 的望遠鏡觀察小嘉冬，有 一瞬間發現
牠好像也在看我。

🕐 10:55

隔壁鄰田是沼澤，高大水丁香被除草劑噴得枯黃，非常不自然。

🕐 11:25

透過倍率 20x － 40x 的望遠鏡，左眼看到了小嘉冬的左眼閃耀著一點亮光，那是天空中太陽的投影，讓我心中起了波動。我們的眼與眼之間是有光線連通的，這是物理學的光學原理，而心靈之光是否也能相通呢？還是情執的罣礙？

🕐 11:45

小嘉冬已經野放三小時了，目前看來似乎適應得很好，且此棲地條件極佳，天候又好，暫時放心了。

🕐 15:00

再來追蹤，小嘉冬並不在早上所見的位置。分析可能是：

1. 被天敵吃掉。
2. 朝南走再轉往別處。
3. 過西埂到西田。

4. 在埂上草中休息隱身。

5. 由西向東到中區域或東埂藏。

6. 往北走，最後混入同族群。

🕐 16:35

以單筒望遠鏡尋找，以觀察頭、眼、圍兜、尾絨，以及展翅上拉時翼下覆羽確認了小嘉冬，牠正在同胞間開心嬉戲。

🕐 16:50

我該寬心離去，雖然有些依依不捨，但祝福才是最好的結局。

小嘉冬自 10 月 19 日被送至魏醫師動物醫院起，至 11 月 19 日野放，被領養了 31 天，744 個小時，從 10 月 26 日起換了三塊田，11 月 19 日恢復自由身，回到屬於他的天地，休耕農田。我不願意在牠身上留下任何記號，還給牠本來面貌，但牠所有的留影與特徵全深刻記在我腦海裡，以便於日後野外追蹤相認。只是人與鳥可以心靈相通嗎？

小嘉冬看世界

　　我吃螺，吃蟲，然後走入臉盆中準備洗澡，卻察覺有異，馬上又跨了出來。天生敏銳感是生存之要件，其實在人工室內生活很單調，無非是吃吃、洗洗、梳毛，與在戶外大自然田野中有大片水域，可走走、跳跳、練飛、吃吃、咬草、洗澡、躲藏等相比，乃天壤之別，大地假我以自由，回歸大自然才是真生活。

　　不知道為什麼阿猛一早就怪怪的，為什麼要躲在那裡看我呢？

　　今天真的跟往常不太一樣，我一上車不自覺就哭了，哭著哭著，下車後發現是新的遊樂場，更讓我驚訝的是魏醫師也來了。咦？為什麼呢？

　　這裡有新的氣味，阿猛用雙手捧住我走入田中水域，手一鬆開，眼前一片水域，淺淺的，清澈見底，水中的草梗、螺、土塊，一目了然。我有點傻傻的，頭朝東，用右眼看著阿猛，沒有圍網，這是什麼意思呢？他們兩個人為什麼要用這種眼神看我呢？

　　昨天一天未出來，變笨了嗎？我竟不知何去何從？這是一個沒有網子圍起來的水田啊，現在是放我自由嗎？

阿猛再次下田趕我走，我朝西行到西埂邊停，魏醫師也下埂趕我走，我便沿西埂朝北慢行而去。走沒多遠便停下來了，沒有揮翅，沒有練飛，今天怎麼都不一樣了，我變得又笨又傻。

　　定下心後，吃了一點東西，開始洗澡。天氣晴朗，大太陽晒得好舒服，真是好日子。離阿猛有一段距離了，在西埂東邊近處，站在土丘上梳毛晒太陽，故意把飛羽稍提拉背，讓背羽也晒晒。今天的日光浴是真正自由、自然的，無拘無束地享受，我感受到了，魏醫師、阿猛是真的要讓我自由，那麼再見了，感謝難得的相聚，讓我能健康長大。現在我一定得走了，謝謝你們救了我，我會好好活下去的。

　　繞了一會兒有點累，蹲伏下來頭朝東，用右眼看阿猛，但他的眼睛卻藏在那個圓圓東西的後面，是叫望遠鏡吧？好像聽他講過。他看我能一清二楚嗎？我看他卻只是個圓。

　　我咬咬草根，很新鮮，很新奇。

　　稍移向西，就在白花藿香薊埂之東，蹲伏下來，現在別家兄姊也在休息，牠們都在我的東邊，我尚未與牠們打招呼，

不知道牠們會不會接納我這個不速之客？

我站起身來，頭向西又梳梳毛，雙翅不停地抖動。走向西埂，再沿埂向北走吃，埂下有很多可吃的。繼續往更北走，離北方同胞之伯叔阿姨兄姊們（那一群有十幾隻啊）已不遠了，我還是找一個稻叢坐下來晒日吧，如今回到大地，已不必擔心吃得不如意，想吃什麼就找，唯一焦慮的是同族同胞們如何看待我？還有許多異類的，又該如何相處呢？

走向西埂，再朝北行走吃過去。埂下泥沼水可吃可洗，還有可隱之水草叢、再生稻叢，唯天敵若藏於此，那就危險了，莫可奈何，只能聽天由命。

坐下來休息，左眼方北邊便是同胞休息處，因為一直是單獨過日子，也不知道該怎麼和其他鳥相處，所以遲遲不敢過去。我的孤兒經歷，如何來到人形動物手上，已不可考，但不管如何我都只想好好活下去，爸爸和兄姊們一定也是好好在過他們的日子。

* * *

西北方的樹林和西邊的林澤處，常有白鷺「呀一」飛鳴，牠們常來巡邏，雖吵鬧但有伴，熱鬧一點比較有安全感。過一會兒又開始吃起來，拉拉腳筋，梳梳毛。同胞們好像都比較安穩少動，我沒一會就起來吃，走走動動，換地方休息，無定性。附近不少暗綠色蜻蜓在點水、放卵，牠們可是我的衣食父母，看來這裡環境真的很好。

沒多久累了，我想睡覺，站著以「右 F 右 W 派」，換「右 F 左 W 派」，但想想還是蹲下來好了。頭朝西向著田埂，那邊長滿草，並排藿香薊和水丁香，前者在東後者在西，埂下則是成排再生水稻，藿香薊與稻之間穿插較小株的水丁香。西鄰田的水丁香則高大，田是沼澤，卻沒有ㄆㄤ ㄆ 掉，整片都是枯黃水丁香，跟我這邊的田很不一樣。

　　雖然到了新天地，我還是只有吃、蹲、站、梳毛、睡覺、晒太陽。嘴朝西，對應田埂動靜，兼看四方，保持警覺。

　　觀察夠了，我決定主動一點，哥哥姊姊們走，我就跟，在西埂邊跟著走吃，牠們朝東我也跟，牠們彎彎曲曲走，我也跟，變成小霸王。一路走，許多哥哥姊姊們都閃避，我一點也不害生，跟著跑，這個哥哥跑開了，我就去找另個近一點的哥哥跟，我猜牠們一定覺得我是小麻煩，煩死了，到底是哪裡跑來的野孩子，如此勾勾纏。

　　不過我才不管呢！雖然我自己的哥哥姊姊再也見不到，這裡還有更多的哥哥姊姊及父母輩的同胞，太開心了，這輩子沒見過這麼多，眼前這群就有二十幾個，東埂那邊也還有呢，不過我決定先跟這一群，太開心了，好高興，我不再是孤單一鳥了，揮揮翅跳跳，自由自在真的好棒啊！

（附注：這是小嘉冬最重要的一天，附錄「小嘉冬野放的那一天」，保留了依時序進展的完整文章。）

阿 猛 日 誌

1999／11／20 日（六），雨，凌晨室內最低溫 18.0°C。

參加在台大應力所舉行的第二屆鳥類研討會。

1999／11／21 日（日），晴。

秋水鳥季於蘭陽溪口舉行。

溪口正好退潮，沙洲上鳥多，濱鷸大群千隻以上常飛來飛去，東方環頸　也是大群為伴，鷺科、鴨科、鷿鷈科，一隻花鳽奐驚艷，一隻黑面琵鷺在睡覺。01 站有紫鷺現身，賞鳥客驚喜不已。

🕛 **12:00**

到美福新港橋東南方探望，田埂上兩隻小白額雁平安，俱為亞成鳥。

🕐 16:20

來到「小嘉冬田」，我們已經 48 小時未見面。開始一一
點名，族群之分布與 17 日上午之紀錄比較差異不大，由
近而遠分別是：

1. 公。
2-3. 小嘉冬與另一隻亞成鳥。
4-5. 母、公。
6-7. 兩公。
8-9. 兩母和田鷸在一起。（相距不到 1 米）
10. 公。
11. 公。
12. 公。
13-14. 母、公。

15. 母。

16-18. 母、公、公。

19. 公。

20. 母。

21. 母。

22. 公。

23. 母。

24. 母。

25. 母。

26-27. 兩母。

大夥兒都在休息，不動，總計母 13、公 12、亞成 2。

兩亞成鳥其中之一 小嘉冬，尾絨毛仍在，飛羽覆羽之斑點，漸漸顯，眼周後下之黑線更淡細化了，漸漸與公鳥之眼周類似。圍兜稍漸顯，但仍是最淡的。最好動，最喜歡展翅上伸，跳跳，如昔。結果被 No.1 公鳥趕開，吃到離太近了。往 No.4 之母鳥方向吃過去，也被趕開。

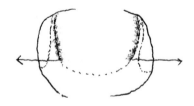

圍兜線到箭號止

23:00

星空冬季最亮麗，冬天六邊形的大犬座有最亮的恆星天狼 Sirius，其他的星座是小犬、雙子、御夫、金牛、獵戶。但月與木星相合在天頂，把天狼比下去了。

小嘉冬看世界

　　有蛇現身，沿東埂由北而南游走，正在母鳥和我之東。鳥俱驚，伸長脖子緊盯，能避就避。蛇入東南區後轉往西，變成在所有鳥群之南游過，入西南區，到了西埂，穿過近路邊的埂缺口入西水澤去了。沒多久，又一條蛇出現，比較小，最後沿南溝緣向西游，也是入西澤去了。

　　蛇不斷出現，懼敵鳥驚心，我也跟其他鳥一樣，伸直脖子警戒，好緊張，現在沒有阿猛在旁，必要時得快避離，總要懂得求生存啊。

阿 猛 日 誌

1999／11／22 日（一），晴，農曆十五。

🕐 15:25

No.1、2、3 俱為公，No.4 為母，No.5 是小嘉冬，和另隻亞成鳥站在一起。

🕐 15:45

小嘉冬與公鳥在一起，他們的差異是小嘉冬眼周色較淺，框且黑雜點較多，右肩下到胸腹間之覆羽與飛羽斑點較呆板，輪廓對比不清晰，尾羽有絨毛，圍兜色淺。

🕐 16:32

到了東西 23 路，深溝國小之北，有一大農舍正在蓋，公鳥與田鷸站在一起，紅冠雞來時，公鳥立刻威嚇。兩隻公鳥正在甩枝，意欲築巢乎？另外還有一母鳥一公鳥在田

中，有一公鳥在田埂上，這塊休耕的水稻田是彩鷸的最愛，度冬或成家兩相宜啊。

🕐 16:58

望月已在東方上空，仰角約 6 度，埂上之公鳥的東北方約 4 米處，有再生稻大叢，又有一公鳥現身。若此田有在孵蛋的，小孩將會是射手座。

小嘉冬看世界

看到阿猛來了，帶著他大圓眼睛的望遠鏡，我於是面對著他梳毛。

不知道他有沒有察覺我眼周下的黑線變很淡了，飛羽的斑點越來越清晰成形，尾羽絨毛兩小撮還在，圍兜的半圓環漸顯，照水面鏡子覺得自己又長大一些了。我不斷地伸翅伸腳，抓癢，又想睡覺了，以「左F右W派」之姿。與我在一起的亞成鳥離去，換成公鳥，體型雖比我壯一些，但我們睡覺的姿態是一樣的，真有趣。

灰胸秧雞由東南區向西北行進，大伙兒皆警戒著。有一公鳥在咬枝甩，是在築巢嗎？灰胸秧雞近了，公鳥立刻拉翅威嚇示警，灰胸秧雞觀望後，飛到西埂去了。不久，斜陽照，落霞與孤鶩齊飛，大家仍休憩著。

阿 猛 日 誌

1999／11／23（二），節氣為小雪。晴，多雲，黃昏時下雨。

🕙 *10:00*

到海岸區，在美福之兩隻小白額雁仍可見。轉到蘭陽溪口，花鳧還在，鸕鷀十幾隻，最後在新南區，看小辮鴴，近百，但不如昔日之盛況。

🕒 **15:35**

來看小嘉冬。依慣例先點名報到數目，像軍中值星官報告人數一樣，彩鷸實到 28 隻。依尾羽絨毛仍在判斷小嘉冬是 No.6，同伴 No.7 也是亞成鳥，色調較暗，小嘉冬的尾羽絨毛還在，圍兜還是最淡的，小嘉冬持續長大中，要辨識將會越來越困難。同伴亞成鳥看來是女性調調，V 型背紋與公鳥差不多，但肩背羽之色調單一，覆羽亦然，且白肩羽已長成。頭則如公鳥，臉頰未紅，眼周仍黃尚未轉白，圍兜半圓環仍為黃也尚未轉白。小嘉冬下嘴基稍有小黃點

區，可作參考之特徵，而他同伴的右眼後上方之眼框有一個三角形黑色帶。

⏱ **16:30**

雨大，已不方便繼續單筒觀察。

⏱ **16:32**

到東西 23 去點名，其中有一群是單母鳥和 6 公鳥在一起，後分開成母鳥離開而 4 公鳥跟，真有趣。另有兩公鳥在一起，出現點跟昨天一樣。度冬時，停留區滿固定的，這叫相安無事，河水不犯井水。田鷸仍多，紅冠雞將再生稻踩倒吃穀粒，而亞成鳥走得太靠近彩鷸時，會被以威嚇招呼。東西 23 路，數到 13 隻，加上小嘉冬田的 28 隻，光這兩區的彩鷸就有 41 隻。

小嘉冬看世界

　　阿猛下午出現了，我還是跟同伴在一起。

　　下起小雨，不久開始大滴起來，大夥兒都懶洋洋的，只是休息，換姿勢、梳梳毛。說我不在意阿猛，好像也不是，忍不住用斜眼看他，就像以前半野放時期那樣，是被逼出來的？還是先天使然呢？

阿猛日誌

5:20

西方之落月如大銀盤浮在山上，從天文學觀點，亦有如滿月之隱退，當東日將出之時，一升一降。故東坡赤壁賦：「壬戌之秋，七月既望，月出於東山之上，徘徊於斗牛之間。」以當時之月推斷於近六個時辰後，日行將由東山出，滿月將隱落於西平矣。

7:00

以尾絨與眼周特徵確認小嘉冬，今天數了 35 隻。

7:20

東西 23 路數到 9 隻，總數就 44 隻。烏秋在追擊外來八哥。

14:30

再來看小嘉冬，尾絨仍在，下嘴基白點為辨識參考，覆羽

較淺，斑點廓淺，圍兜猶淡，仍有斜眼仰頭向上看的警戒動作，台語稱之「ㄅㄧ頭」。

⏱ 15:28
數有 36 隻，其中母鳥有 14 隻。

⏱ 16:00
東西 21 路之東段區，一水丁香中有母鳥 1 隻、公鳥 3 隻。

⏱ 16:10
到東西 23 路，數到 8 隻，其中只有一隻為母鳥，今天共記錄了 48 隻。魚狗有 2 隻，現身在家東北方的水溝上，回到家正巧遇見。

小嘉冬看世界

　　月亮太美，我和哥姐們一起享用「月光早餐」，沒想到阿猛一早就來湊熱鬧，是想看看我們的晨間活動嗎？我們吃到較近路邊的水域來，白天是不會超過土塊區的南界，晚上人形動物睡了，我們才會來土塊區以南到路之間的水域中。山頭銀月倒映在水中，水悠悠，波瀲瀲，月盤搖搖成扁長扭曲之光。鳥兒已起床找吃的去了，烏秋的鳴哨，音響清越，白鷺群由山邊飛出，我們則早就在用餐了。

　　月已落，東天晨曦幻變，但日尚未跳出海。許多哥姐們在追打嬉戲或吵架，我不小心靠大哥哥太近，或許是他心情不太好，馬上向我 display 威嚇，可我也不是好欺負的，沒有展翅就直接衝撞過去，竟把他嚇跑了，我其實並沒有被同類欺負的經驗，這應該是本能吧。

　　吃飽了就睡覺吧。

　　阿猛下午又來了，我在東埤邊老地方附近睡覺，偶爾起身動動，梳梳毛，後來就西走一下、東走一下，拉拉筋，翅提腋露，不時斜眼仰頭向上看。

阿 猛 日 誌

1999／11／25（四），陰。

🕐 **15:10**

點名，小嘉冬排在 No.4，同伴 No.5 之羽色與其相近，圍兜深淺度也類似，惟小嘉冬羽色調較淺，覆羽較淺，下嘴基有白點，尾絨仍在，斜頭向上警戒動作仍有。下午僅約略數不到 30 隻。

1999／11／26（五），宜蘭雨，中部晴。

搭火車到台中縣后里鄉屯子腳（1935 年大地震死傷最嚴重之區，當時媽媽僅十五歲，三天後被挖出來，三個月後才恢復走路。），給最小的舅舅博斌送山，得年五十七，回到家已是 21:30。

1999／11／27（六），晴。

🕐 11:00 - 12:10

花了很久的時間才確認出小嘉冬，排序是 No.20，仍與同伴在一起，整田共數得 33 隻，其中母鳥有 10 隻。同伴飛羽亦可看出一點點絨毛，小嘉冬的只剩絲絲而已。小嘉冬的特徵記錄如下：

1. 下嘴基兩白點，左側連頰似兩點，右側則如長小白瘤。
2. 眼周（右）下後側如 120 度之鈍角。
3. 圍兜最不明。
4. 色調最淺，較淡黃味。
5. 覆羽斑亦最不明顯。

1999／11／28（日），陰，冷鋒南下，溫降。

🕐 **10:30**

報到。

🕐 **10:40**

找到小嘉冬，排在 No.7，尾絨仍在，絲絲而已。右覆羽似趨向於色調一致，其他特徵皆差不多沒變。No.6 為小嘉冬同伴，也是亞成鳥，因色調單一疑為母亞成鳥，無法肯定，其實我一直疑惑亞成鳥要到多大年紀才能分辨出是公是母。No.1 － No.3 是公鳥，No.4 和 No.5 是母鳥，當疑似母亞成鳥由西向東走，經過 No.3 之南時，No.3 突然拉左翅單刀威嚇，母亞成鳥被趕反變成排序最前頭，變成南邊離我最近的 No.1。

🕐 **11:05**

透過 40x 望遠鏡，小嘉冬的尾羽絨毛很清晰，是目前追蹤他行藏的參考特徵之一。

🕐 **11:15**

同伴的覆羽斑點明朗，小嘉冬的色調有趨向較單一之味，能藉此作為性別參考依據嗎？圍兜仍淡淡不明。

🕐 **11:33**

到東段水丁香田，有兩母鳥一公鳥藏於其下。

有一套重量公式可推斷出小嘉冬的生日為 10 月 15 日，10 月 19 日被領養時是 22 公克，今天已經 44 天大了。

小嘉冬看世界

　　我和同伴一起站起來梳毛，忽然有隻大鳥「啊一」飛過，我倆瞬即頭低臀翹之姿，擺出禦敵之態勢。幸好沒事，又轉頭回去吃東西，其他同胞們不吃，我可是餓了。到處遊走卻惹到一隻公鳥，牠不高興，向我們 display 威嚇。

　　東走西走，吃吃走走，飽了就梳梳毛，咬咬草，過過癮。

　　意外瞧見阿猛，他卻要走了。

阿 猛 日 誌

1999／11／29（一），陰冷，晚上雨，溫降，淡水 13.7°C。

🕒 **15:00**

探望小嘉冬，先點名，鳥兒們今天都隱藏得好低，排序有點困難。望遠鏡掃描了好幾次，都找不到有尾絨者。時間一分一秒過去，我找了一遍又一遍。

🕒 **16:28**

草與土丘之遮擋，避敵之地利，依舊找不到小嘉冬，真是「眾裡尋他千百度，那鳥卻不知身在何處」。今日觀察有 20 隻以上，回去吧。

小嘉冬看世界

　　我走來走去，不停梳毛，躲在茂密的再生稻草叢裡，天冷又陰暗，大夥兒都不想動懶洋洋的，我也跟大家一樣，雖然有看見阿猛，但並不想特別出風頭，姿態繼續放低。

阿 猛 日 誌

1999／11／30（二），雨，很大。

一早雨就下個不停，且大，風亦強。午後，風已轉弱，但雨勢不變，水田積水了。

15:05

擔心小嘉冬，前來探望，將車停在路之北側，以望遠鏡觀測，鳥兒們有如雕像站立在雨中動也不動，有的嘴尖含水滴，有的背上背水滴，只有眼珠會動和眼神會傳神。

15:20

確認胸腹向路、圍兜最淡、尾有絨毛的那隻是小嘉冬。因距離 8 米，單筒望遠鏡的焦準極小，為看更清楚只好將後左車窗打開，不管大雨濺水。

16:15

覓食完後都睡了，又成了雕像，我趕緊將小嘉冬的模樣畫

下來，可做為日後比對參考，他的色調趨於單一，圍兜仍
不明顯，猶有尾絨。

⏱ **16:25**

雨實在太大，只好離去。

11 月的最後一天，迄今雨已下了超過 24 小時仍未曾停，
水田積水，有的已深達 1 尺以上如汪洋，如此大水，全區
淹，排水必出問題，如果有築巢的，恐怕就是災難一場了。
小嘉冬已 46 天大，46 天大該長成什麼樣子呢？羽色、斑
紋如何？圍兜又如何？頭、臉、眼又如何？這是很有趣的
問題。小嘉冬的全身上下全成了我的學術紀錄觀察的第一
手資料，若是女生意義就更大了，連男女之辨在何時可都
有了依據。他的羽色變化可說是「日日寫真」天數的田野

觀察新紀錄，每天的成長生命史皆歷歷在目，有很重要的參考價值，田野的追蹤觀察是很困難，且吃力不討好的工作，但我仍樂在其中。

夜，雨更大了。又風又雨又冷的黑夜，也是 11 月最後一夜，最後一串的水茄冬兩天前謝了。比小嘉冬還幼小的小彩鷸此時必然受到嚴酷考驗，水田的水位不斷上漲，孵蛋中之巢絕大部分會遭滅頂的，甚至連田埂上的巢也有可能被淹。這樣冷的季節，宜蘭又是冬雨綿綿，彩鷸們不好好過冬，偏偏要選這個時節生育小孩，何苦呢？還不是為了族群的生存，誰願意自己的族群滅絕呢？

人類常常拜拜求財，期盼「好年冬」，諷刺的是「好年冬」這款農藥卻害死不少鳥類的小寶貝，只是在草中穿梭和誤食便會發生意外，根本還來不及長大。鳥的命運反而是「歹年冬」，啊！一年比一年歹。

小嘉冬看世界

　　豪大雨。阿猛竟然也來，真是風雨無阻。水已經漲到連路旁溝邊的土丘也快被淹沒了，西埂離路不遠處有一個缺口，水由西往東沖下來，我們就在西埂東邊的土丘上，淋著雨，一動也不動，有如雕像在雨中。後來我再也忍不住了，突然向西走，竟然引起騷動，公鳥和亞成鳥也跟著走，涉水到了西埂邊，轉向南，朝阿猛方向靠近，再往缺口走吃了起來。

　　年紀最小的我竟然帶頭，同伴跟來，6隻就聚在缺口邊吃，水流滾滾來。有一隻的圍兜跟我一樣淡，但黑緣比我稍濃，點較大較多，在此吃了一陣子後，阿猛竟然開窗了，不管大雨濺進車內，我吃啊吃邊看著他，兩目交接。

　　我們乾脆不走了，埂邊有土丘，就站上去，動也不動了，只剩次好動的還在吃。遠方原不動的那一群仍不動，而在西北區，及西埂端之東另一群，目前看來共有三群。

　　雨勢猶嘩啦啦，好大，但再大的雨我們也得忍，這是生存之道啊。繼續吃，再睡，我們6鳥就地站著淋雨，睡了起來，又成雕像了。

阿 猛 日 誌

1999／12／1（四），陰。

下了一整天以上的雨，累積雨量超過 150 毫米，可謂雨勢
驚人。今天總算雨停了，但陰霾不晴，仍是濕濕冷冷。

⏰ **16:00**

以單筒掃描，小嘉冬在中間地帶與同伴正睡覺不動，他們
的東邊近處有一母鳥與公鳥。但再仔細一瞧，小嘉冬的同
伴也有尾絨。剛剛以為的那
隻真的是小嘉冬嗎？

⏰ **17:09**

另兩隻相伴中，有一隻也長
有尾絨。這下可好，有尾絨
的變成有三隻，這下頭很大
了，哪一隻才是小嘉冬？

1999／12／2（三），多雲偶晴。

白面對喝「嗚哇－嗚哇」高唱不已，素珠則「咕咕咕－」
三聲鳴不已。冬天了，留鳥猶鳴。

7:04

到小嘉冬田觀鳥。昨日那兩隻在中間地帶皆有尾絨的都不
是小嘉冬，因其尾絨較多，多枚尾羽有，而小嘉冬野放時
只剩兩枚有尾絨而已。故今天較近東埤與同伴（似母亞成
鳥，無尾絨）一起休息者，方為小嘉冬矣。其背腰後體側
部分的斑點已顯且大。若小嘉冬之尾絨仍在，其同伴之羽
色亦需列入輔辨重點（母亞成鳥）。

今天鳥多，共數得 41 隻。

🕐 8:25

整田中之 41 隻，有尾絨者共有 3 隻，2 隻總在一起如前天，昨天看其一似有母亞成之樣，而小嘉冬之伴亦似為母亞成鳥，但無尾絨。既然有尾絨者共有 3 隻，其中可能有母亞成鳥，故持續觀察此 3 隻之羽色變化與性別關聯，看能否提供亞成鳥之男女有別佐證。多大年紀便可區分出性別？這是很有趣的問題。約幾週大可分辨？這 3 隻有尾絨的是最重要的見證者了。今早小嘉冬少活動，只睡覺，或警戒這邊，其伴則在旁走動，吃吃，又順時鐘繞回其旁。

1999 ／ 12 ／ 3（五），晴，多雲。
氣溫漸回升，不再是昨之最低溫 17.0° C。

🕐 15:10

來到小嘉冬田。今天鳥的數目較少，是藏起來或躲在近東埂處草後？且一旦蹲伏下來，不易尋蹤。先找到疑似母亞成鳥者，其尾絨看到了。另一與之常相伴的亞成鳥卻未找到，小嘉冬也未找到。繼續找吧，有 1 隻右羽斑真是像極

了野放日那天的小嘉冬，黃斑點更清晰更排列整齊，且尾絨只剩右一枚，這才是小嘉冬嗎？

🕐 16:10
何者為小嘉冬？今天辨認上又有了困難，草越來越密，越來越高茂，只要他們不活動，就非常難以確認。

1999／12／4（六），多雲偶晴。

🕐 9:30
到了小嘉冬田，小嘉冬現身，尾絨剩右有一枚，其束似乎為母亞成鳥，尾絨仍多，羽色之斑、色調與昨日觀察大致吻合，斑點稍有不同變化，因覆羽之覆蓋，當梳毛後導致遮掩及露出之變化，但重點之斑點仍不變。母亞成鳥走動、咬枝、吃，而小嘉冬梳毛後休息了，其羽黃斑多，排列齊。

🕐 10:13
牠仍不願起身，只是伏著休息，眼注視著這邊。

🕐 10:50
我離去。拍照之紀錄只到今日。

1999／12／5（日），上午晴，下午陰轉雨。

早上到無尾港拍景觀現況，由籃球場走到大眾廟之路上，竟遇上赤尾青竹絲，此時仍有毒蛇出沒，台灣天候真暖和。涼亭、廁所因合約糾紛停工中。

🕘 **9:30**

在賞鳥高台之東北方鴨池邊，大麻鷺出沒。大眾爺廟前水田，水鴨不少，且不怕人。賞鳥高台下水池，水鴨亦不怕人。鸕鷀多，停棲於木麻黃林上。於賞鳥高台往東看，水閘門東南方向之防風林便是，至少有 30 隻。尖尾鴨上百，再來花嘴鴨也多，當然最多的還是小水鴨。有 1 隻磯雁，真難得，第一次拍到是 1984 年 11 月，在下埔四十甲。

1999／12／6（一），陰冷，微風。

🕒 **15:20**

小嘉冬田中，最近的 3 隻皆為亞成鳥，其一尾絨仍多，是最年輕的。小嘉冬若是 No.1 這隻，尾絨已無。No.2 之羽

色較深，但斑點類似，而有尾絨的 No.3 之羽色較淺，圍兜更淺，正如小嘉冬野放時。No.1 之嘴基白點明，是小嘉冬嗎？若是，今天已經 52 天大了。3 鳥吃吃，休休，看看，縮縮。No.3 走向西，被附近母鳥驅趕，後 No.2 也走到母鳥旁，卻未被驅趕之。No.3 色較淡，左翼有大斑數點，右翼看不到，會是母亞成鳥嗎？

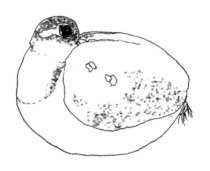

⏱ **15:53**

有一隻羽色調趨於一致，左肩下有長黃羽，圍兜左外環下有兩黑點，覆羽有黃斑的，只尾部附近的幾根而已，此為母亞成鳥嗎？而 No.3 圍兜最淡，與前述且簡繪出之鳥若同為母亞成鳥，則可看出成長之過程嗎？因尾絨從有到無，圍兜淺到深，羽色調之變化，諸特徵綜合分析比較，可歸納出重點。

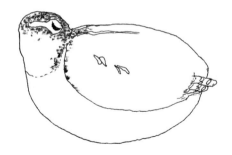

🕐 16:16

離開了。

1999／12／7（二），陰，冷，節氣是大雪。

半夜一直颳大風到早上 8 點多，風勢之強勢如颱。

🕐 11:00-11:40

到無尾港，大麻鷺又現身了，在蘆葦叢中穿梭吃吳郭魚，
忽又現身 1 隻，兩隻大麻鷺，稀罕啊！但第一隻隨即快走
過去將其逼飛到高台下之水池中，王不見王。

🕐 16:25

到小嘉冬田，觀察到 2 隻圍兜淡者，是小嘉冬還是母亞成
鳥？難確認。天暗，有風又冷，大夥兒在休息，動也不動。

16:40

離開了。

1999／12／8（三），今天生日。

搭火車北上到位於「植物園」區內的台北教育電台，與中華民國野鳥學會賴鵬智秘書長一起接受范欽慧訪問，談宜蘭縣重要濕地「利澤五十二甲」的問題。
下午參觀在國立歷史博物館舉行的「台北國際生態藝術展（Ecoart Exhibition Taipei 1999-2000）」，再轉往台灣自然博物館參觀「陳加盛鳥類攝影展」。

1999／12／9（四），雨。

昨夜又下雨了，天還是冷涼的，只是沒再颳大風。

 9:20

到小嘉冬田，有隻白肩羽（左）外露，不很長，色調近母鳥，此為母亞成鳥嗎？因圍兜仍淡，但下圍輪廓已出，臉

仍看不到母鳥之紅棕色，也無口紅，可見母鳥成長特徵是羽色先表白，再來是嘴臉、胸脖這些部分。所謂這些部分即何者先透露訊息，仍有待田野觀察。雨小小的，天冷冷的，彩鷸大都在休息，偶爾會走動走動或吃一下。

🕐 **9:50**

離開了。

1999／12／10（五），陰。

🕐 **16:00**

今天是小嘉冬 56 天大及 8 週的日子（定生日為 10 月 15 日），當初以為不用做記號，可從各種特徵找到他，沒想到後來竟跑出兩隻亦有尾絨的，且比他還多，更年輕。如此一來，若小嘉冬尾絨已經沒有了，而他鳥的尾絨與其之前類似，那就有趣了。誰是本尊？誰是分身？但也有重大收獲的是，有一尾絨仍在之亞成鳥，羽色看似單一，應可視為母亞成鳥。如此一比較，可見比他年輕的已透露出母亞成鳥之訊息，則 56 天 8 週左右，母、公鳥之辨已有跡象可循，但白肩羽何時出呢？這是另一重點。

若肩、背、腰、覆羽之色調在 56 天前便已有母公之不同，

可資辨認參考，則母亞成鳥之色調發展、圍兜濃淡、半圓環色調、眼周色調等，皆是重要之觀察。

有一疑似母亞成鳥，其背覆羽等皆為統一色調，而右白肩羽露出覆羽中，但臉、脖、胸尚未紅，嘴已稍紅，而背上黃 V 之條紋還不夠細。

田內竟有美女唱情歌，表示有找帥哥成家之行為。度冬區之美女有成鳥及亞成鳥，既然要找情侶，怎不另覓好地點去談情說愛？

有一尾絨仍在之亞成鳥，覆羽色調較似母鳥？

初級飛羽

總結小嘉冬的生命史，今天是 56 天大，也就是 8 個禮拜，11 月 19 日野放後正好過 3 週。這一次的經驗讓我們學習到很多。小於一週的小鳥，利用半野放的方式，放養一個

月後，已能飛行，野放回歸於族群中，存活了。食譜中因增加了福壽螺，使之得以成長健壯，以前少了這一道菜，最終（有經過3週的）仍是軟腿而亡。而後續之追蹤期成長歷程，因有其他亞成鳥社交生活成伴，每天的成長變化複雜，活生生而有趣，成為「日日寫真」之第一手資料，且具參考價值。綜合比較分析的結論是，兩個月大的亞成鳥，母亞成鳥應可分辨出，由圍兜濃淡和背羽色調，半圓環之色調變化等可判估。

小嘉冬再見了！God Bless You！

小嘉冬看世界

　　不遠處路邊閃過一個身影，我轉頭仔細瞧。

　　那不是阿猛。發現不是他，心頭卻覺得怪怪的。

　　阿猛不來了，可能再也看不到他了吧，以前天天放我到田裡又抓回去，覺得好煩，現在竟然有點懷念他的陪伴。是不是好奇怪？

　　這些天我又長更大了，也習慣了自由的生活，看到伯叔俊挺、阿姨漂亮，感到好羨慕啊！當然新交了朋友，有兄弟姊妹在一起，好快活！

　　我有喜歡的女生了，她好像也喜歡我，啊，在那邊，她就在不遠處，得快點過去打招呼。可是有個男生靠過去了，好像要黏追她，怎麼辦？如果繼續保持君子風度，會不會被女生瞧不起？我長得沒那個男生壯，要如何才能搶到繡球呢？

　　要柔也要剛，之前每天都對阿猛示威啊，我得拿出那時的勇氣來，為了愛。將來我會結婚生子，還要好好保護孩子長大，不能讓牠們落溝成為孤兒，我得有好多好多的勇氣。

　　微風掠過樹梢，枝葉沙沙作響，我發現那個女生也在看我，不能再遲疑了，真的很喜歡她呀，我振振翅膀，把勇氣填滿胸膛，優雅地飄飛過去。

小嘉冬野放的那一天

1999／11／19 日（五），晴。

 7:00

秤重，102 公克。我的尾羽只剩右外兩枚有絨毛兩撮。
今天是我回歸大自然找尋同類作伴之日，老天幫忙，是大
晴天。

 7:20

離出發尚有一小時，阿猛還想觀察我的動靜。落地窗如
鏡，阿猛躲在隔板後，用反射定律窺探鏡中動態來推斷我
的動作意涵。我吃螺，吃蟲，然後走入臉盆水中準備洗澡，
卻敏覺有異，跨了出來，天生敏銳感是生存之要件。其實
這陣子在人工室內生活很簡單，無非是吃吃、洗洗、梳
毛……。與在戶外大自然田野中比，有大片水域，可走走、
跳跳、練飛、吃吃、咬草、洗澡、躲藏，乃天壤之別。大
地假我以自由，回歸大自然才美麗。

⏱ 8:30

由阿猛家中出發，目的地是特別尋妥好的休耕田，即彩鷸的渡冬社區，我即將自由了。在車上，我又哭了，跟以前的哭聲一樣，是童音。我已一個多月大了，怎麼還這樣？我不知是高興還是傷感？竟哭不停。

⏱ 8:45

在魏醫師的見證下，阿猛用雙手捧住我走入田中水域。手鬆開了，22 公克變成 102 公克。眼前一片水域，淺淺的，清澈見底，水中的草梗、螺、土塊，皆一目了然。我傻傻地，頭朝東，用右眼看著阿猛，難道我不懂我已畢業可以自由了嗎？竟不知何去何從？還在依戀什麼？昨天一天未出來，變笨了嗎？阿猛再次下田，趕我走，我朝西行到西埂邊停，魏醫師也下埂趕我走，我便沿西埂朝北慢行而去。走沒多遠，我便停下來了，沒有揮翅，沒有練飛，今天怎麼卻不一樣了，又笨又傻。

⏱ 9:00

吃一點後，開始洗澡。天氣晴朗，大太陽晒得好舒服，真是好日子。眼周下後緣之黑框線向後向下彎，這叫哭痕吧！眼周仍黃灰，土黃色調仍淡，眼周後黑線緣尚有絨毛，這就成了辨認的標記。

🕐 9:08

我已離阿猛有一段距離了，在西埂東邊近處，站在土丘上梳毛，晒太陽，故意把飛羽稍提拉背，讓背羽也晒晒。

🕐 9:15

今天的日光浴是真正的自由、自然，無拘無束地享受。魏醫師、阿猛再見了，31 天的相聚，我健康地長大，但我一定要走，是你們救了我，我會好好活下去的。我累了，蹲伏下來，頭朝東，用右眼與阿猛在望遠鏡中的左眼光往返對看，倍率 40x － 20x。他看我一清二楚，我看他只是一個圓，叫做物鏡的。我咬咬草根，很新鮮，新奇，好玩。

🕐 9:27

我稍移向西，就在白花藿香薊埂之東，蹲伏下來，現在別家的兄姊也在休息。他們都在我的東邊，但我尚未與他們打招呼，不知他們會不會接納我這個不速之客？

🕐 9:42

我站起來，頭向西，又梳梳毛，雙翅則不停地抖動。

🕐 9:54

我走向西埂，再沿埂向北走吃而去，埂下有很多可吃的。

🕐 10:07

我往更北走，離北方同胞之伯叔阿姨兄姊們（那群十幾隻），已不遠了。我還是找一個稻叢，坐下來晒日吧。如今回到大地，已不必擔心吃得不如意，想吃什麼就找。但是若我同族的，因為已 31 天未見同類，不知他們會如何看待我？還有許多異類的，又當如何相處呢？

🕙 10:21

走向西埂，再朝北方，走吃過去。埂下泥沼水，可吃可洗，還有可隱之水草叢，稻ㄏㄡ叢（再生稻），唯天敵若藏於此，危矣！聽天由命了！

🕙 10:31

又坐下來休息了，我的左眼方，即北方十多米遠，便是同胞們的休息處，我沒有過去，是不敢過去嗎？我一直都是單獨過日子，因為才幾天大，便和爸爸、兄姐分離了。只幾天的印象能讓我對族群懂多少？我也不知道。

🕙 10:38

我的孤兒經歷，是如何來到「人形」動物手上？已不可考。不管我是否獨子、獨女，我都得好好地活下去，而爸爸和兄姐們也是得好好地過他們的日子，若有兄弟姊妹的話。西北方的樹林，和西邊的林澤處，常有白鷺「ㄚㄧ」飛鳴，他們常來巡邏，雖吵鬧，但有伴，熱鬧是比較有安全感的。

🕐 **10:48**

我又站起來，吃吃吃，拉拉腳筋，梳梳毛。同胞們好像都比較安穩少動，我卻一會兒就起來吃，走走動動，換地方休息，無定性，是大人常罵小孩的話。暗綠色蜻蜓（杜松）在放卵、點水，他們也是我們的衣食父母。

🕐 **10:52**

我又坐下來了。今天溫熱，暖陽真好。

🕐 **10:55**

我開始用站著睡覺，「右F右W派」換「右F左W派」，還是蹲下來好了，睡。頭朝西向著田埂，田埂長滿草，藿香薊和水丁香並排，水丁香在西，藿在東。埂下則是再生水稻成排，藿與稻之間也穿插水丁香，較小株的。西鄰田的水丁香則高大，田是沼澤，沒有ㄆㄤ ㄟ 掉，卻用除草劑把水丁香噴得整片枯黃。

🕐 **11:10**

我又想吃了，目前只想在這此吃、蹲、站，梳毛、睡覺，晒太陽。

🕐 **11:23**

嘴朝西，對應田埂動靜，兼看四方，keep alert（保持警覺）。

⏰ 11:25

從重重稻葉間隙，我的左眼閃耀著一亮點，即太陽在我的眼珠上是一光點。阿猛透過倍率 20x － 40x 望遠鏡，左眼感受到我左眼的亮閃，他心中起了波動。我們的眼與眼之間是有光線連通的，這是物理學的光學原理，而心靈之光的相通否？是情執的望礙嗎？

⏰ 11:45

我仍伏在稻叢附近休息。野放後 3 小時了，阿猛認為我已能適應野外的大自然環境，且此棲地條件佳，天候又好。野放鳥，人放心，successful？I am still alive。阿猛離開了。

⏰ 15:00

阿猛又來追蹤了，他看我不在早上處，分析可能性：

1. 被天敵吃掉。
2. 朝南走再轉往別處。
3. 過西埂到西田。
4. 在埂上草中休息隱身。
5. 由西向東到中區域或東埂藏。
6. 往北走，最後混入同族群。

🕐 16:35

終於被阿猛猜中，也被他以單筒看到我的頭、眼、圍兜、尾絨，確認出來。現在我成了小霸王，哥哥姊姊們都怕我，他們走我就跟，在西埂邊跟著走吃。然後他們朝東走，我也跟，他們彎彎曲曲走，我也跟。一路走，許多哥哥姊姊都閃避。我一點也不害生，跟著跑，這個哥哥跑開了，我就找就近的哥哥跟，我成了小麻煩，他們一定煩死了。怎麼來了個野孩子，如此勾勾纏。

🕐 16:47

雖然我自己的哥哥姊姊再也見不到，沒想到這裡有更多的哥哥姊姊及父母輩的同胞，一堆就近便有二十多呢！東埂那邊也還有呢。不過我先跟定這一群吧，好高興！揮揮翅翅跳跳，動來動去多自由啊！

🕐 16:50

阿猛寬心了，離去，依依不捨嗎？不！互相祝福是最好的結局。

自 10 月 19 日被送至魏醫師的動物醫院起，至 11 月 19 日野放，被領養了 31 天，744 個小時。從 10 月 26 日起，阿猛陪我上戶外課，換了 3 塊田。今天 11 月 19 日，我終於恢復自由身，回到了我的天地，休耕農田。看到了我的同

胞，好多伯伯叔叔阿姨及哥哥姊姊們。早上我自己在西埂邊過，之後，我終於走入社區中，在 16:35 被阿猛確認。他擔心了 100 分鐘，總算也感受到我在同胞間玩戲之樂。頭的絨毛，眼周眼線、圍兜、尾羽絨毛，以及展翅上拉時翼下覆羽等，所有我之前留影的特徵及阿猛親眼所記，皆成為我的身分證。阿猛不願意在我身上留任何東西，也不想做記號，還我本來面貌。野放後續的追蹤相認，人與鳥可以心靈相通嗎？

後　語

出版一本書的確不容易，小嘉冬的故事終見天日，等了
二十三年，要感謝的人太多了，無法一一致謝感恩。

感謝內人、小女、我的家人。

感謝東海大學陳炳煌教授新年鳥類調查的引領指導。

感謝中央研究院生物多樣化研究中心劉小如教授的指導鼓
勵，並惠賜大序。

感謝作家陳維鸚的潤飾文稿和整編，增添無數的美感妙
趣。

感謝藝術家陳永琛將鋼筆畫原圖掃描成完美的圖檔，以最
佳的質感再現。

感謝資深媒體工作者樊德惠的室內及田野之專訪錄像。

感謝前台視名記者、佛光大學博士周俊雄之引薦，與前諾
基亞大中華區總裁王建亞結緣，一見如故，當下即主動表
示全力護持《彩鷸小嘉冬奇幻之旅》出版。小嘉冬的童年
自然史、那活生生的小生命之奇幻旅程方得以問世。

敬稟叩謝在天上的阿公、阿嬤；阿母、阿爸。

余遠猛

小嘉冬成長軌跡
圖　鑑

小嘉冬
10 19'99.

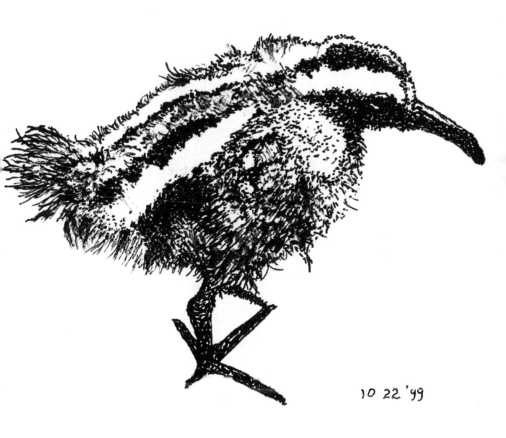

10 22 '99

10 26 '99

net.

10 27 '99

10 28 '99.

小嘉冬. 10 30 '99.

小魯氏
11月1日, 1999

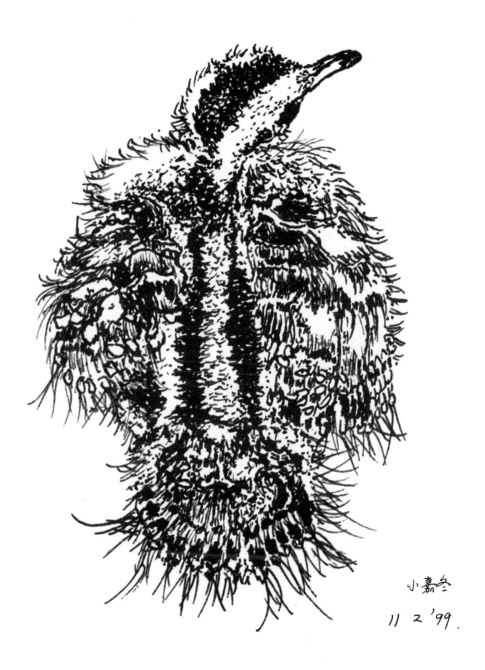

小嘉冬
11 2 '99.

小嘉冬,
11月3日, 1999

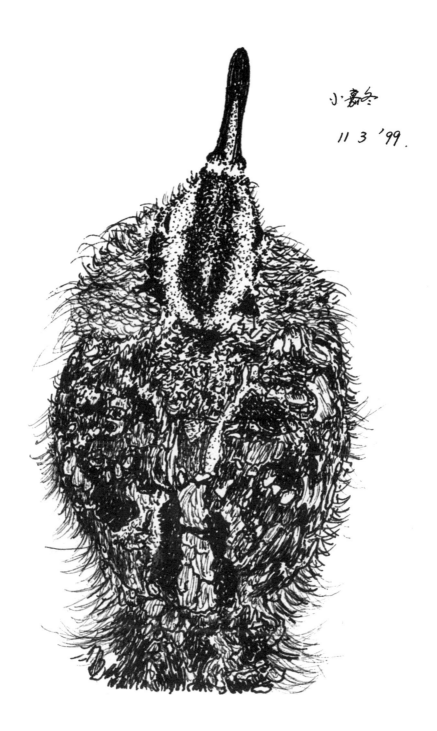

小嘉冬
11 3 '99.

小嘉冬．11月4日 '99

小·素冬. 11月5日. 1999.

小麦头，
11月6日，1999．

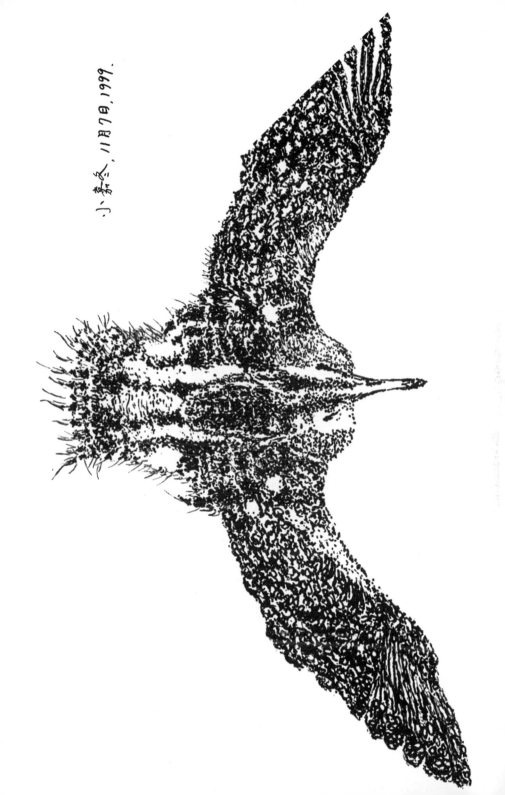

小菊之，11月7日，1999。

小春冬, 11月7日, 1999.
(二)

11月8日, 1999. 小嘉冬.

小嘉冬, 11月9日, 1999.

小嘉冬. 11月10日.
1999.

小嘉冬

11月1日

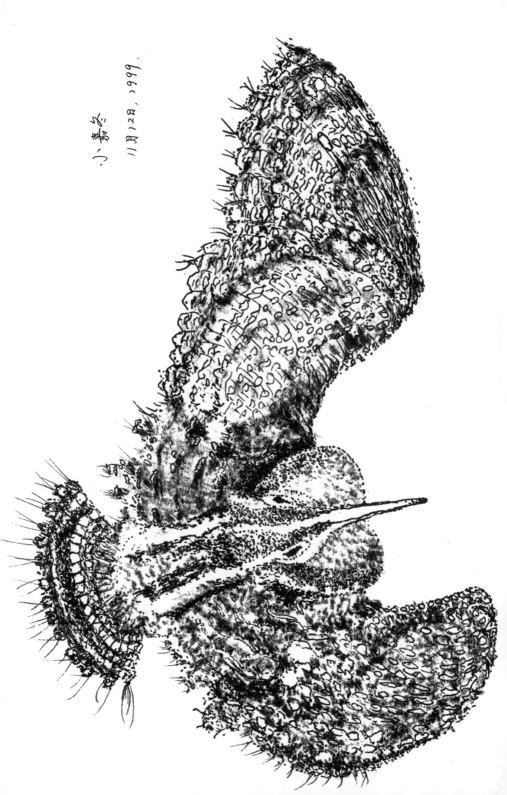

小 蓁 兒
11月12日, 1999.

小嘉冬 Nov 13, 1999.

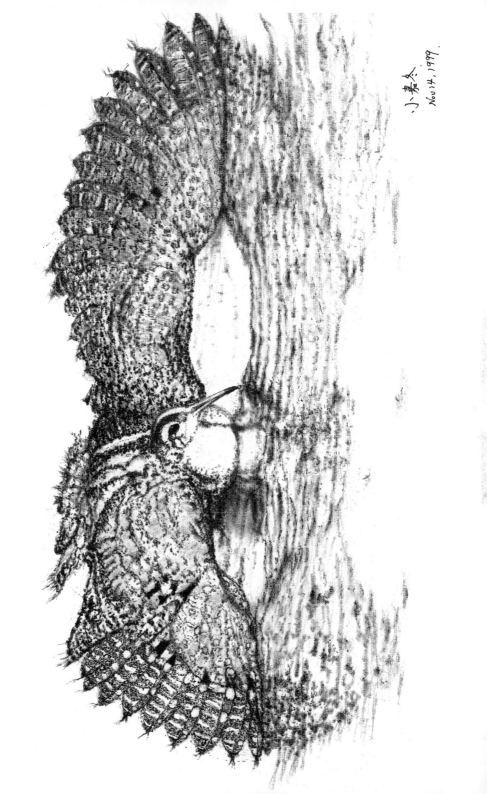

小嘉云
Nov.14,1999.

小嘉冬
Nov 17, 1999.

8/27, 2021.

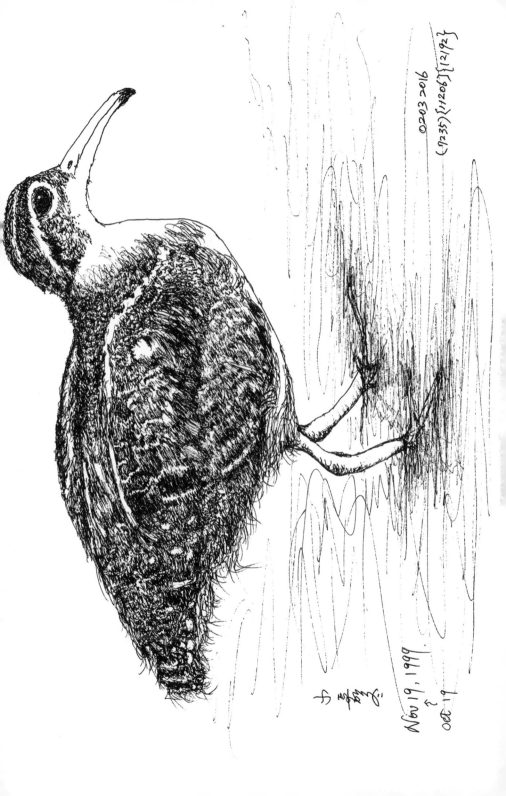

Nov. 19, 1999.

國家圖書館出版品預行編目資料

彩鷸小嘉冬奇幻之旅/余遠猛著. -- 初版. --
臺北市：聯合文學出版社股份有限公司, 2022.01
216面；14.8×21公分. --（繽紛；234）
ISBN 978-986-323-434-0(平裝)

1.CST: 鷸形目 2.CST: 臺灣

388.896   111000053

繽紛 234

彩鷸小嘉冬奇幻之旅

作　　　者／余遠猛
發　行　人／張寶琴

總　編　輯／周昭翡　　　業務部總經理／李文吉
主　　　編／蕭仁豪　　　發　行　助　理／林昇儒
資　深　編　輯／尹蓓芳　　　財　務　部／趙玉瑩
編　　　輯／林劭璜　　　　　　　　　　　韋秀英
資　深　美　編／戴榮芝　　　人事行政組／李懷瑩
版　權　管　理／蕭仁豪
法　律　顧　問／理律法律事務所
　　　　　　　　陳長文律師、蔣大中律師
出　　　版　者／聯合文學出版社股份有限公司
地　　　址／臺北市基隆路一段178號10樓
電　　　話／（02）27666759轉5107
傳　　　真／（02）27567914
郵　撥　帳　號／17623526 聯合文學出版社股份有限公司
登　記　證／行政院新聞局局版臺業字第6109號
網　　　址／http://unitas.udngroup.com.tw
　　　　　　　E-mail:unitas@udngroup.com.tw
印　刷　廠／博創印藝文化事業有限公司
總　經　銷／聯合發行股份有限公司
地　　　址／231新北市新店區寶橋路235巷6弄6號2樓
電　　　話／（02）29178022
版權所有‧翻版必究
出　版　日　期／2022年1月　初版
定　　　價／300元

Copyright © 2022 by Yu-Yuan Meng
Published by Unitas Publishing Co., Ltd.
All Rights Reserved
Printed in Taiwan

ISBN　978-986-323-434-0（平裝）　　　本書如有缺頁、破損、裝幀錯誤、請寄回調換